너에게 난
어떤 엄마야?

너에게 난 어떤 엄마야?

초판 1쇄 인쇄 2024년 3월 25일
초판 1쇄 발행 2024년 4월 10일

지은이 박현정

펴낸이 우세웅
책임편집 한홍
기획편집 김휘연
콘텐츠기획·홍보 김세경
북디자인 권수정

종이 페이퍼프라이스(주)
인쇄 (주)다온피앤피

펴낸곳 슬로디미디어
신고번호 제25100-2017-000035호
신고연월일 2017년 6월 13일
주소 경기 고양시 덕양구 청초로66, 덕은리버워크 지식산업센터 A동 15층 18호

전화 02)493-7780 **팩스** 0303)3442-7780
전자우편 slody925@gmail.com(원고투고·사업제휴)
홈페이지 slodymedia.modoo.at **블로그** slodymedia.xyz
페이스북·인스타그램 slodymedia

ISBN 979-11-6785-185-7 (03590)

너에게 난 어떤 엄마야?

박현정 지음

설렘

추천사

아이는 영아기를 거쳐 성인이 되기까지 부모와 함께 성장합니다. 엄마는 아이를 잘 키우기 위해 고군분투 하지만 아이의 진짜 속마음은 놓칠 때가 많습니다. 이 책은 엄마가 아이를 존중하는 마음으로 긍정의 대화를 연습하는 방법을 제시합니다. 두 아이를 키운 선배 엄마의 경험을 미리 체험하는 기회가 되길 바랍니다. 영아기 부모부터 성장기 자녀를 둔 부모에 이르기까지 한 편의 드라마를 보듯 가슴 따스해지는 저서로 추천합니다.

숙명여자대학교 아동복지학부 명예교수 **이소희**

추천사를 위한 한 문장을 찾으려 눈으로만 속독하다가 어느새 마음으로 한 자 한 자 맛있게, 또 때로는 주체할 수 없는 뜨거운 눈물을 흘리며 정독하게 되었습니다. '아직 기회가 있다'는 부분에서 큰 위로를 얻고 소망을 품게 됩니다. 육아에 관한 한 정경正經, Canon으로 손색이 없습니다. 영끌하여 추천합니다.

성남 일심교회 담임목사 **박신기**

아이를 임신하는 순간 기쁨은 잠시 부모로서 책임과 의무로 육아가 초보인 부모는 불안한 마음 때문에 힘겨워집니다. 이 책을 통해 부모는 해볼 만한 멋진 직업임을 깨닫고 도전의식을 느낄 것입니다. 저자는 교육기관에 오래 종사하며 많은 제자를 성품과 역량을 갖춘 리더로 길러냈습니다. 다수의 강의 경험을 바탕으로 어릴 적 부모와 함께하는 행복한 놀이와 습관의 중요성을 알려줍니다. 같은 고민으로 방황하는 부모들에게 답을 찾고 성장하게 하는 소중한 책이 될 것이라 확신하며 적극 추천합니다.

신구대학교 유아교육학과 교수 **강경자**

우리 아이에게 어떤 '부모'이고 싶은지 묻는다면, 저는 "친구같이 대화가 잘 통하는 엄마가 되고 싶어요"라고 합니다. 그런 부모가 되기 위해서 무엇을 해야 할까요? 저자는 부모가 되는 순간부터 일상생활 속에서 무엇을 해야 하는지 경험을 통해 쉽게 풀어내고 있습니다. 이 책을 읽다 보면 아이를 대하는 모든 생각과 행동이 습관처럼, 내 생활에서도 자연스럽게 나오게 만드는 보물을 지니게 됩니다. 나 스스로 '참 괜찮은 부모'가 될 수 있을 것 같은 기분을 함께 느껴보길 바라는 마음으로 추천합니다.

사회공헌공익재단 본부장 **이지영**

프롤로그

두 사람이 결혼하고 아이를 낳아 키우면, 연애는 단꿈이고 육아는 현실이 된다. 그러나 육아의 어려움은 혼자만 겪는 게 아니다. 동시대를 살아가는 부모끼리는 육아에 대해 동지애를 느낄 법도 하다. 대부분 부모는 눈앞의 과제만 모면하는 데 급급하다. 육아에 정답이 없듯, 일상의 정보가 내 아이와는 맞지 않는 경우가 있다. 그로 인해 시행착오를 겪으면서 아이는 성장한다. 그새 시간은 흘러 아이의 결정적 10년이 쏜살같이 지나간다. 20년 뒤에 어찌 될지 상상한다면 현재 아이와 함께하는 시간을 어떻게 쌓아나가야 할지 장기적인 과제가 된다. 아이는 부모라는 발판을 도움닫기로 삼아 더 멀리 비상해야 하기 때문이다.

부모라면 육아가 힘들어질 때가 온다. '지금은 무엇을 해줘야 할까?'라는 마음에 계획부터 앞선다. 그럴 때일수록 현재의 모습을 점검하면서 미래를 위해 에너지를 충전해야 한다. 마중물이 되어줄 한 바가지의 물을 채우기 위해 잠시 머뭇거릴 수도 있다. 그 자리에 멈춰 서서 있는 그대로 내 아이를 바라봐야 할 때도 있다. 그래야 아이와 관계가 깊어지고, 가족이 같은 방향으로 돛대를 세워 육아라는 항해의 길이 순조로워진다.

예전에 나는 두 아이의 엄마로서 결의에 차 있었다. "내가 열심히 하고 있으니 너희도 잘 해내야 해!" 하며 오로지 내가 세운 목표를 향해 아이가 따라오기만 바랐다. 그러나 어느 순간부터 부모가 먼저 바뀌어야 아이가 행복할 수 있다는 진리를 깨달았다. 있는 그대로의 아이를 인정하기 시작하니까 여유가 생겼고, 아이도 나도 비로소 각자의 삶을 살아갈 수 있었다.

누구나 어릴 적에는 이다음에 커서 무엇이 될지 꿈꾼다. 내 어린 시절 꿈은 교사였다. 그 꿈은 현실이 되어 유아교육을 전공하고 교육기관에서 16년 이상 근무하며 수많은 아이와 만났다. 아이들에게 멋진 선생님이 되기 위해 다양한 교육을 받고 그 내용을 현장에 적용하며 교사로서 보람을 느꼈다. 그러던 어느 날 학업을 이어갈 기회가 생겼고, 두 아이의 엄마인 나는 육아와 병행하며 석박사 과정을 차례로 마쳤다.

그렇게 매일 바쁘기만 하다가 초등학교 2학년이었던 큰아이의 단순한 질문에 정신이 번쩍 들었다.

"엄마는 이다음에 커서 뭐 될 거야?"

아이의 질문에 무심코 대답했다.

"전문가! 그래, 전문가가 될 거야."

내가 전문가가 되려 한 것은 전문가가 완벽해서도 아니고 학문적인 성과를 남기고 싶어서도 아니다. 약속을 지키고 싶었다. 부모라면 누구나 좀 더 나은 부모가 되기를 바란다. 영유아기가 지났다고 모든 육아가 끝난 것은 아니며, 그다음 단계도 대비해야 한다. 그렇게 이어지는 과정에서 아이가 주는 소소한 행복을 느끼면 좋겠다. 나중에 부모는 자녀가 독립하거든 기억할 만한 것을 많이 공유해야 한다. 아이가 어떤 발달 과정을 거치든 부모는 아이와 소중히 기억할 만한 추억을 남길 시간과 노력이 필요하다.

부모 교육을 거듭할수록 과연 어떤 내용으로 부모에게 다가갈까 많은 고뇌를 거듭하게 된다. 강의를 들으러 온 영유아 부모를 만나면 설렜고, 그들에게는 '아직 기회가 있다'는 생각에 더 열정적으로 강의했다. 이 책이 아이를 잘 키우고 싶은 부모가 스스로 던진 질문에 답을 찾아가는 데 도움이 되길 바란다.

이 책은 '잘'하기 위한 '육아 참고서'가 아니라, 편안한 호흡으로 읽어 내려가는 선배의 '성장 체험서'다. 영유아기의 아이를 키우는 초보 엄마로 시작해서 아이가 초등기를 맞아 내 맘 같지 않은 시기를 거쳐 청소년기가 되면 기다려주어야 한다. 그 이후에 아이가 성인이 되더라도 엄마는 함께 나아갈 길을 고민한다. 그래서 선배 엄마로서 겪은 선 경험, 후 깨달음을 나누고 싶다.

아이를 위해 부모가 먼저 변화해야 한다. 부모인 내가 먼저 완벽과 조급함을 내려놓고 언어와 행동을 바꾸어야 아이도 변화한다. 변화는 진정한 부모가 되어가는 과정이다.

두 아이는 내게 선물 같았다. 고마울 뿐이다. 이 책을 쓰며 덕분에 행복한 기억을 되새길 수 있었다. 선배 엄마의 이야기를 들어주는 부모들에게도 감사한 마음이다.

새 봄을 준비하며

저자 박현정

차례

PART 2
너무나 다른 우리

PART 3

성장하는 우리

PART 4

따로, 또 같이 사는 우리

익숙해질 거야

너무나 엄마가 되고 싶었지만

초보인 엄마!

세상이 처음인 아이!

우리 서로 원했던 거 맞지?

PART 1

처음 만나는 우리

선물로 다가온 너

너무나 기다렸던 소중한 생명이 찾아왔다. 설렘 반, 걱정 반으로 열 달을 보내고 첫 만남의 순간을 맞았다. 예정일보다 열흘 늦게 태어난 아이는 신기한 생명체였다. 엄마가 되고 싶었던 내가 엄마로 다시 태어난 역사적인 날이었다.

직장으로 인해 결혼 후 한동안은 주말부부로 지내다가 다음 해에 남편을 따라 울산으로 내려갔다. 출근하려고 버스정류장에 있는데, 멀리서 어색한 걸음으로 걸어오는 여자가 보였다. 내 시선을 사로잡은 건 세상 누구보다 아름다운 임산부의 모습이었다. 뒤뚱거리며 배를 내밀고 걸어도 좋으니 엄마가 되고 싶었다. 결혼하면 자연스럽게 아이가 생기는 줄 알았는데, 결혼 3년 차가 되니 마음이 조급해졌다. 남편도 장남이고 나도 장녀이다 보니 어른들의 기다림이

피부로 느껴져 조금씩 힘들어졌다. 남편은 걱정하는 내게 "괜찮아, 우리 둘도 충분히 좋아"라며 위로해주었지만, 그럴수록 더 욕심이 났다.

그러던 어느 날, 드디어 아기 씨앗이 내게로 날아왔다. 기다림 속 찾아온 첫아이. 친가와 외가의 축복이 쏟아졌다. 매달 임신테스트기는 치러야 하는 숙제였는데, 그날도 습관처럼 테스트기를 시험하고 세수를 했다. 그리고 놓아두었던 임신테스트기를 본 순간 믿어지지 않아 욕실에서 뛰어나왔다. 한마디 말없이 남편의 눈앞에 테스트기를 들이밀었다. 남편은 무심한 척하며 덤덤하게 말했다. "우리도 부모가 될 수 있네."

기쁨과 감탄, 언어로는 담지 못할 행복함이 묻어났다. 그런데 기쁨을 누릴 여유도 없이 다음 고비가 기다리고 있었다. 입덧이라는 괴물이 찾아온 것이다. 다니던 교육기관도 휴직할 수밖에 없었다. 갑자기 일어난 신체 변화로 혼란스러웠다. 임신 초기에 내가 힘들어하는 모습이 안타까웠는지, 남편이 비행기표를 예매했다. 평일에 혼자 울산공항에서 비행기를 타고 서울로 상경했다. 김포공항에서 친정 부모님의 모습을 본 순간, 왈칵 눈물이 났다. 부모님도 이런 과정을 겪으셨을 걸 생각하니 뭉클해졌다. 안도감과 함께 '이게 부모의 힘이지'라는 생각이 들었다.

남편과 친정엄마에게 어리광을 부렸다. "좁쌀보다 작은 생명체 하나가 생겼을 뿐인데, 이게 그리 메스껍고 가슴이 답답할 일이야?"

아이를 기다리던 몇 년의 세월이 무색하게 입덧은 한순간에 나를 무너뜨렸다. 그런데도 "아가야! 엄마가 너를 지켜줄게"라는 말이 나도 모르게 튀어나왔다. '아하! 그래서 엄마인 거구나.' 열 달을 버틸 수 있는 힘이 생겼다.

하지만 현실은 녹록하지 않았다. 병원에 입원해서 링거를 맞고 퇴원하기도 여러 차례였다. 임신 초기에 물을 벌컥대며 마시는 게 소원일 정도로 아무것도 넘기지 못한 채 화장실만 들락거렸다. "그토록 기다리던 아이인데 왜 이런 어려움이 생길까?"

아마도 '내가 귀하게 여기지 않을까 봐' 그런 게 아닐까? 원하던 생명이 찾아와서 기쁨에 취해 귀하게 여기지 않고 '내 멋대로, 욕심대로 할까 봐' 울리는 알람이었는지도 모른다.

새 생명의 탄생은 마냥 축복인 줄로만 알았다. 이후에 일어날 걱정이나 힘듦은 고려하지 않았고 책임을 진중하게 받아들이지 못했다. 아이는 낳기만 하면 저절로 자라는 능동적인 존재도 아니고, 부모의 마음대로 자라주는 수동적인 존재도 아니다. '부모다움'은 아이와 함께 성장하며, 부모에게는 책임감이 필요하다. 이런 진실을 누구도 알려준 적이 없다. 아이는 부모에게 가장 귀한 선물이지만, '왜 이렇게 쉽지 않지?'라고 느끼는 건 세상의 모든 부모가 공감하는 진실일 것이다.

유아교육 전공자로 오랜 시간 교육 현장에서 일했지만, 아이를 낳고 키우는 것은 실전이었다. 생각보다 더 많은 지혜와 존중의 마음이 필요하다는 건 20년이 훌쩍 지나서야 깨달았다. 내가 낳았지만 방향키를 잡고 마음대로 해서는 안 된다는 진리를 그땐 왜 몰랐을까? 칼릴 지브란의 글이 마음에 박힌다.

> "아이들은 당신의 소유가 아닙니다.
> 당신을 통해 태어났지만, 당신에게 속해 있지 않습니다.
> 당신은 아이들에게 사랑을 줄 수는 있지만, 생각을 줄 수는 없습니다.
> 아이들도 자기의 생각을 가지고 있습니다.
> 아이들에게 육체의 집을 줄 수는 있어도 영혼의 집을 줄 수는 없습니다."

습관이란 '어린 새가 날갯짓을 연습하듯 매일 반복하여 마음에 꿰인 듯 익숙해진 것'을 말한다. 이처럼 부모가 자녀를 양육하는 습관 또한 길들여지면 하루아침에 고쳐지지 않고, 자녀가 성장해도 변하기가 쉽지 않다. 그래서 부모는 죽을 때까지 배워야 한다. 인생을 마라톤에 비유하곤 하는데, 마라톤 선수는 결승점을 통과하려면 쉬지 않고 뛰어야 한다. 부모라는 긴 여정이 시작되자 무조건 완주가 목표가 되었다. "엄마도 엄마가 처음이라서 서투르네. 함께 해보자!"

✿ 스스로 던지는 질문

●●● 내 인생 최대의 선물은?

배움의 연속

공원에 가면 걸음마를 막 뗀 듯한 아이에게서 몇 발자국 떨어져서 부모가 아이의 이름을 부르는 광경을 보곤 한다. 두 팔을 벌려 아이에게 "어서 걸어와"라고 하면 아이는 어설프게 발을 뗀다. 다가오다가 넘어져도 부모는 "할 수 있어. 다시 하면 돼"라며 아이를 채근한다. 이제 막 걸음을 떼기 시작했는데, 벌써 과제 수행이 시작된 느낌이다.

부모는 아이 앞에서 늘 한발 빨리 방향을 제시한다. 아이에게 좋은 것을 제공하고 싶은 마음이 앞서기 때문이다. 여기서 오류가 생긴다. 너무 잘하려 하기보다는 아이의 성장 속도에 맞게 육아해야 한다. 즉, 아이가 앞서고 뒤에서 따라가는 것이 부모라는 말이다.

열 달을 버텨서 낳은 아이는 그야말로 신세계였다. 배고프면 울음으로 알려주고 젖을 주면 금세 웃어주고 눈을 맞추며 살아 있다는 신호를 보냈다. 옹알이로 소통하는 신기한 생명체와 사랑에 빠졌다. 큰아이가 태어나고 육아는 새로움과 설렘의 연속이었다. 당시 남편의 직장 때문에 울산에 살았기에, 내 경력을 멈추고 아이 돌보는 일에 매진했다. 무엇과도 바꿀 수 없는 소중한 시간이었다. 새벽에는 일어나 수영을 배우고, 낮에는 아이와 단둘이 보냈다. 남편이 퇴근할 시간이 다가오면 아이를 유모차에 태워 마중 나갔다. 돌이켜 보면 누구에게 등 떠밀려 서두르지도 않아도 되는, 평범하면서도 느린 보물 같은 시간이었다.

어느 날, 아파트 베란다에서 밖을 내다보며 21개월 아이가 경상도 사투리로 "아저씨야, 여기 봐라" 하며 지나가는 사람에게 말을 건넸다. 아이는 보고 들은 것, 경험으로 쌓인 걸 자연스럽게 습득한다. '어디에서 배웠을까?' 자문하며 마음이 복잡해졌다.

아이에게 새로운 경험을 시켜주고 싶어서 초보 엄마는 마음이 무척 급했다. 빨리 영어 공부를 시켜야겠다고 생각하고, 아이의 돌잔치에 선물로 받은 금반지를 팔았다. 그 돈으로 동화책과 영어책을 사서 조기 언어 교육에 집중했다. '이건 너를 위해 엄마가 해주는 선물이란다.' 엄마로서의 합리화가 더해졌다. 다행히 아이는 동화책을 좋아하고 영어에도 관심을 보였다. 동화책을 쉽게 접하도록 거실 바닥에 늘어놓고 기어다니며 자연스레 보게끔 했다. 아파트 베란다에는 유아교육 전공을 살려 알록달록 예쁜 그림을 붙여서 어린이집과 같은 환경을 만들어주었다.

아이가 걷고 말할 때가 되어 영어로 수업하는 문화센터에 데려가야겠다고 마음먹었다. 운전면허가 없던 터라 아이와 움직이기가 번거로워 준비가 필요했다. 그동안 무서워서 시도하지 않았던 자동차 면허를 따고, 열혈 엄마로 거듭날 만반의 준비를 마쳤다. "자, 이제 엄마는 준비가 되었단다. 너를 위해 뭐든지 할 거야."

이제부터 아이를 위해 준비된 엄마, 노력하는 엄마가 되리라 마음먹었다. 생각만큼 실천은 쉽지 않았다. 당시에 유행하는 서적을 읽고 따라 했지만, 지금 생각해보면 효율적이지도, 꾸준하지도 않은 유행 따라 하기였다. 계획에 아이를 꿰맞추며 완벽한 부모 되기에 치중해서 아이의 흥미 따위는 안중에 없었다. 그럼에도 '전투 육아'라는 말은 왠지 거북하게 느껴졌다. '행복 육아'이고 싶었다. '어떻게 해야 아이와 함께 승勝할 수 있을까?' 그때로 돌아간다면 이렇게 스스로 질문할 것 같다.

작은아이는 큰아이와 발달이 달랐다. 큰아이가 3살 때 서울로 와서 태어났다. 걷는 게 빠르지도 않았고 언어는 오히려 너무 늦어서 언어 발달 검사를 해야 하는 건 아닌지 심각한 고민에 빠질 정도였다.

게다가 태어난 지 100일도 안 되어 내가 출근하는 바람에 차분히 돌볼 겨를도 없었다. 시댁 근처로 이사 가서 아침저녁으로 아이를 실어 날랐다. 덕분에 시어른들의 인성을 본받아 성품 좋은 아이로 자랐다. 그리고 집으로 돌아오는 차 안에서 "나비야, 나비야, 이리 날아오니라"라며 시어머님의 구수한 전라도 사투리로 노래를 부를 정도가 됐다.

이정훈 작가의 《쓰려고 읽습니다》의 책 구절을 보면 삶을 두 바퀴로 굴러가는 자전거라고 하면 앞바퀴는 '무엇을 이룰 것인가?' 하는 현실의 목표이고, 뒷바퀴는 '자신이 이룬 것을 통해 어떤 존재가 되고자 하는가?'를 묻는 미래의 자화상이라고 했다. 부모로서 자전거 앞바퀴는 '누구 엄마, 아빠'로서의 의무를 동반한 삶이지만, 뒷바퀴는 '어떤 부모로 남고 싶은지'를 보여주는 자아상이다. 어떤 부모상을 원하든 자기 조절력이 필요하다. 아이들은 정말 사랑스럽다가도 불쑥 욱하게 만들기도 하기 때문이다. 부모로 살아가려면 부모의 삶에도 균형이 필요하고, 이를 유지하기 위해 애쓸 필요가 있다.

✿ 스스로 던지는 질문

●●● 아이의 발달을 위해 내가 가져야 할 마음가짐은?

아침에 눈을 뜨는 이유, 삶의 질문

아이 발달에 영향을 미치는 가장 중요한 결정적 시기가 영아기다. 에릭슨은 자아정체성 발달을 연구하면서, 인간 발달에 핵심인 자아 정체성이 영아기부터 노년기를 걸쳐 발달한다고 주장했다. 그중 가장 중요한 것이 신뢰감이다. 아이는 처음 만나는 양육자와 많은 시간을 함께한다. 이때 양육자를 믿고 의지하면서 안정을 느낀다.

'처음'이라는 말은 새롭고도 신선하다. 그래서 매일 처음 나누는 눈빛, 이름을 부르는 표정이 중요하다. 아이는 시각적, 청각적 반응을 바탕으로 부모를 믿고 신뢰할 만한 사람이라고 여긴다. 신뢰감을 가지지 못하면 불신감을 느낀다.

어떤 엄마는 월요일이면 "이제 해방이구나. 주말이 드디어 끝났어" 하며 환호성을 지르고 금요일 아침이 되면 "오늘이 지나면 휴일이구나" 하며 크게 한숨 쉬고 마음을 굳게 다잡는다. 아이가 엄마의 일상에 미치는 영향이 그만큼 커서 부담이 된다는 뜻이다. 그러나 아직 일어나지 않은 일을 두려워할 필요는 없다. 엄마는 강하므로 일단 겪어보는 거다. 해보지도 않고 겁내면 엄마의 무기력이 큰 걸림돌이 된다. 스스로 육아 고충이라는 높은 담장을 쌓아놓고 그 아래 앉아 있는 셈이다.

《죽음의 수용소》를 쓴 빅터 프랭클은 오스트리아 빈 대학 의학 및 철학박사 학위를 가진 의사로 제2차 세계대전 당시 강제수용소에 수용되었다. 아우슈비츠 수용소에 도착한 1,500명 중 90퍼센트는 가스실에서 죽임을 당했고, 일할 능력이 있는 사람들은 강제 징집되어 노역을 갔다. 수용소에서의 생활은 하루하루가 생존을 위한 치열한 싸움이었다. 그가 선택한 방법은 노역장으로 가기 위해 매일 면도를 하고, 뺨을 문질러 붉게 만들어 혈색이 좋아 보이게 하는 것이었다.

강제수용소에서 살아 돌아온 후, 그는 수용소 사람들이 어려움을 겪으면서도 고통을 이겨낸 힘이 무엇인지 고민했다. 이후 자신만의 정신분석 방법인 '로고테라피'를 완성하여 삶을 의미 있게 살아가게끔 하는 일에 앞장섰다.

일본 오키나와에는 아침에 일어나는 이유를 나타내는 이키가이 生きがい라는 말이 있다. 오키나와에 사는 102세 할아버지는 체력을

단련하기 위해 아침 일찍 일어난다. 100세 할아버지는 여전히 어부로 일하면서 1주에 3번씩 가족들을 위해 물고기를 낚는다. 102세 할머니는 101살 차이가 나는 고증조손녀딸과 만나기 위해 아침을 맞는다. 이렇게 사람들은 가족이나 일에 대한 사랑의 마음으로 삶을 살아갈 이유를 찾는다.

부모의 삶에 혜성처럼 등장한 아이는 부모의 사랑을 당연하게 요구한다. 부모는 지구에서 혈연으로 연결된 유일한 생명체가 여리디여린 상태에서 성장하여 자가발전을 할 수 있을 때까지 기다려줘야 한다.

"아이를 키우면서 어느 시기가 가장 중요하다고 느끼셨나요?"라는 질문을 받곤 한다. 나는 "오늘"이라고 답한다. 오늘 충분히 애써야 내일이 보인다. 오늘 부모가 보인 언어와 행동을 통해 영유아들은 세상 사는 법을 경험한다. 부모를 통해 배우고 모델링하며 이를 바탕으로 자기 것을 만들어간다.

'내일'은 새롭기도 하지만 두려움의 대상이 되기도 한다. 그래서 아이가 부모라는 울타리에 있을 때는 미래가 좋아 보여야 한다. 나는 작은아이가 두 살 무렵 '나중에 사춘기가 돼서 사이가 벌어지면 어떡하지?'라고 불안해한 적이 있다. 그러나 이유도 없고 필요도 없는 시간 낭비다. 그저 오늘 아이와 지금이라는 시간을 잘 놀며 보내면 된다.

톨스토이는 《세 가지 질문》에서 가장 중요한 때는 '지금'이며, 가장 중요한 사람은 '함께 있는 사람'이고, 가장 중요한 일은 '함께하는 이에게 선을 베푸는 일'이라고 했다. 각자 다른 정답이 있겠지만, 부모라면 육아의 시간이 중요하고, 가족이 중요하다고 말할 것이다. 부모 교육 중에 "어머니들은 가장 중요한 사람은 누구라고 생각하세요?"라고 질문했더니 어떤 엄마가 "저예요!"라고 큰 소리로 답했다. 맞는 말이다.

엄마가 자녀를 양육할 때 엄마의 자존감, 즉 양육에 대한 효능감이 아이의 행복과 직결된다. 가정에서 엄마가 자존감이 높다면 자녀에게 좋은 에너지가 전달된다. 가족이 함께 선을 베풀며 행복해질 가능성이 높아지기 때문이다.

스스로 던지는 질문

●●● 나에게 가장 중요한 때는 언제인가?

••• 나에게 가장 중요한 사람은 누구인가?

••• 나에게 가장 중요한 일은 무엇인가?

무한 더하기
육아의 온도

부모가 아이와 영아기에 결속이 높아지는 것을 애착이라고 한다. 사랑이라는 감정을 과학적으로 증명한 실험 중에는 할로 박사의 '원숭이 애착 실험'이 유명하다. 한쪽에 젖병을 매단 철사 원숭이, 다른 한쪽에는 부드러운 천으로 된 원숭이를 두고 아기 원숭이에게 고르게 했더니, 아기 원숭이는 젖병을 가진 철사 원숭이에게 가서 배를 채우고 대부분의 시간은 부드러운 천으로 된 원숭이와 보냈다. 이어서 위급한 상황을 조성했더니 아기 원숭이는 천 원숭이에게 달려가 안정감을 느꼈다. 이렇듯 식욕도 중요하지만, 안정감이 더 높은 우위를 차지한다.

육아를 담당하다 보면 아이에 대한 의무감으로 움직이기도 한다. 깨우고 씻기고 먹여서 시간 맞춰 등원시키는 숨 가쁜 하루가 시작되면, 육아의 일상은 기쁨과 고충이 무한 반복된다. 말을 듣지 않고 느긋하게 움직이면 "자꾸 그러면 놔두고 간다"라며 협박 아닌 협박을 하지만, 아이는 부모의 어설픈 협박이 잔소리라는 것을 잘 안다. 아이들은 부모의 눈빛을 읽어내며 세심하게 부모를 관찰한다. 부모도 초보라서 감정을 들키고 만다.

문제는 이런 상황에서 부모를 보고 아이가 배운다는 것이다. 오가는 말에서 뉘앙스, 즉 소리나 의미, 감정을 알아낸다. 그래서 몇 마디 대화를 나눠보고는 저 사람은 괜찮은 것 같다거나 이 사람과는 거리를 둬야겠다는 식으로 판단한다. 대화 속 억양과 어휘가 주는 느낌이 그 사람의 특성을 내보이기 때문이다.

게다가 부모의 어휘에 따라 아이가 표현하는 단어의 양과 질이 달라진다. 아이는 부모의 말과 행동을 따라 하며 사회화를 시작한다. 특히 감정을 표현하는 언어는 후천적으로 부모에게서 학습한다. 예를 들어 아이가 밥을 먹으며 숟가락을 식탁에 탁 내려놓으면 부모는 "지금 짜증을 내는 거니?"라며 윽박지르듯 비난할 수도 있다. 그런데 아이는 숟가락을 놓쳐 떨어뜨렸을 수도 있고, 밥을 그만 먹고 싶었을 수도 있다. 하지만 의미 없는 아이의 행동에 부모의 감정이 실리면 '짜증'이라는 생뚱맞은 언어로 입 밖으로 나온다. 아이는 억울해지고, 부모를 믿지 못하게 된다. 부모의 말에 의해 아이의 생각과 습관이 달라지므로 조심해야 한다.

유아기 아이를 키우는 엄마들에게 "어머니는 오늘 아침 아이와 눈을 뜨고 어떤 인사로 첫마디를 나누셨나요?"라고 질문한 적이 있다. 그랬더니 "전날 제가 잠을 잘 잤다면 아이에게 웃으면서 인사하지만, 그렇지 않으면 냉정하게 말해요"라고 하는 엄마가 있었다. 다들 고개를 끄덕이며 깊이 공감했다. 우리가 하는 일상의 실수 중 하나는 기분에 따라 아이를 다루는 것이다. 그러나 유아기 아이는 스폰지같이 모든 것을 흡수하므로 부모의 인내력이 필요하다.

영아기 아이를 키우는 엄마들도 아이와 말씨름한다. 일명 혼자 북 치고 장구 치며 대화한다. 30개월 이전의 엄마들에게 "요즘 아이에게 가장 많이 쓰는 언어가 무엇인가요?"라고 질문했더니 대부분 "안 돼", "하지 마", "혼난다", "쓰읍" 같은 답이었다. 이런 말을 듣고 아이는 무슨 생각을 할지 생각해볼 필요가 있다. 육아의 고충은 알겠지만, 이런 말은 아이를 멈춰 서게 하는 언어라 아이에게 신뢰를 얻기 어렵다. 엄마를 불편하게 하는 행동은 잦아들지 모르지만, 애착은 사라질 수 있다.

부모가 내뿜는 언어의 공기는 아이들의 체온을 조절한다. 코로나 시절 대학교에 가면 1층 현관에 있는 체온계에 얼굴을 가져다 대고 38도 아래여야 가림막이 열렸다. 이렇듯 아이의 마음에도 부모의 말을 통과시키는 가림막이 존재한다. 부모의 말이 온도가 낮으면 올려주고, 너무 높으면 내려줘야 한다. 일정한 온도를 지켜야 감정의 과소비를 막을 수 있기 때문이다.

영유아기 아이는 예민하고 깨지기 쉬운 유리 그릇이라고들 한다. 그러므로 아이의 내구성을 유지하는 대화가 필요하다. 때로는 말보다 빠르게 전달되는 비언어도 괜찮다. 지긋이 바라보며 고개를 끄덕이거나 따스하게 미소 지어주는 것도 좋다.

영아기의 쌍둥이를 키우는 엄마를 부모 교육에서 만났는데 "비가 오거나 미세먼지가 심하면 가슴이 덜컥 내려앉아요"라고 말했다. 대개 하원하면 놀이터에서 뛰놀다가 집에 돌아와 씻기고 저녁 먹고 재우면 되는데, 날씨가 나쁘면 놀이터에 갈 수 없다. 그러면 어린이집을 하원한 후에 뭘 하며 시간을 보내야 하는지 막막해서란다. 부모라는 연출가는 아이를 주인공으로 하는 무대에서 결방 없이 방영하기 위해 매일 노력해야 한다.

처음 아이가 이유식의 첫 숟가락을 뜰 때 부모는 환호한다. 아이가 입에 음식을 넣는 것만 봐도 배가 부르다. 아이는 얼마 안 가서 이내 입맛이 까다로워진다. 엄마는 뭐라도 먹기를 바라는 마음에 채소를 다지고 볶고 쪄내서 요리한다. 먹는 것만 해도 이렇게 쉽지 않다.

세상에 극한 직업이라면 부모가 아닐까 싶다. 시대가 바뀌며 달라졌다곤 해도 직업을 가진 엄마라면 일과 육아를 병행하기가 여전히 쉽지 않다. 아이가 아플 때는 밤샘 근무를 하고, 명절에는 가족에게 봉사하고, 가족의 식사를 제때 준비해야 한다. 가사일은 가족의 생존과 연결되지만, 그 결과가 눈에 띄지 않는다.

그러다 보니 육아에 지친 엄마들은 "어느 때는 아이가 밉기도 해요. 나는 왜 이렇게 힘들까요?"라고 말한다. 그러나 본인의 컵에 물을 채워 마신 후 목마름이 해결되어야 다른 사람에게 나눠줄 여유가 생기듯이, 부모의 마음이 안정적이어야 아이에게 사랑을 전할 수 있다. 아이와 함께하면서 늘 화창한 날만 있는 건 아니며 바람 불고 풍랑이 일어나기도 한다. 이를 견뎌내야 진정한 부모가 된다.

스스로 던지는 질문

●●● 아이와 대화할 때 가장 많이 표현하는 부모의 언어는 무엇인가?

스트레스 다스리기

아이는 부모를 끊임없이 성장하게 한다. 어릴 적에는 그저 예쁘기만 하던 아이가 자라면서 점점 달라지고, 부모는 좋은 일은 과거가 되고 자신만 힘든 것처럼 느껴진다. "사랑스러워"라는 마음이던 것이 아이가 크며 "너 때문이야"라며 투사할 지경이 된다. "그러지 말아야지"라며 반성도 하지만, 곧 "그러기만 해봐" 하며 앙갚음의 언어를 내뱉는다. 그리고 후회라는 감정만 남는다.

부모는 아이로 인해 스트레스를 받고, 아이는 부모 때문에 마음대로 할 수 없다고 불만스럽게 여긴다. 이럴 때는 왜 서로 힘들어지는지 점검해야 한다. 스트레스를 받으면 육체뿐 아니라 정신적으로 병적인 상태가 된다. 부모의 무기력증은 아이에게 전해지고, 아이들은 그런 부모를 보면서 더 예민해진다. 최근 직장을 그만둔 6살

남자아이의 엄마는 "직장 다닐 때보다 체력이 더 안 따라줘요. 아이가 유치원에 가면 소파에 누워서 아무것도 안 하는데도 피곤해요"라고 말했다. 아이가 없는 시간에 쉬지 않으면 아이가 돌아온 뒤에 아무것도 해줄 수 없기 때문이란다.

스트레스를 스스로 조절하려면 원인을 다스려야 한다. 짜증, 슬픔, 분노, 불쾌 등의 감정이 생기면 자신만의 방법으로 안정감을 찾고 안정감, 희망, 감사, 편안함으로 교체해야 한다. 24개월짜리 쌍둥이를 키우는 엄마는 새벽 5시에 눈을 떠서 한강을 무작정 달리는데, 그 체력으로 하루를 버티는 힘이 생긴다고 말한다. 30개월 아이를 키우는 엄마는 아이가 힘들게 하면 호흡을 가다듬고 숫자를 천천히 센다. 또 다른 엄마는 아이가 태어났던 순간과 아가 때의 모습을 마음속으로 그리며 심호흡한다. 어떤 방법이든지 자기 나름의 방법으로 스트레스를 다스릴 수 있어야 한다. 몸과 마음이 건강한 것이 육아의 비결인 셈이다.

어떤 부모는 아이와 자신의 성향이 맞지 않는 것 같다며 우려하지만, 사실 평생 맞춰가는 것이다. 부모든 아이든 서로 감사하는 마음을 가져야 행복해질 수 있다. 감사는 긍정적 정서에 집중하도록 돕기 때문이다. 바바라 프레드릭슨 교수는 "긍정 정서를 자주 경험하는 사람들은 새로운 목표를 설정하고 이를 실현하기 위해 적극적으로 행동한다"라고 주장한다. 부모가 긍정 정서를 가지고 있다면 아이가 부모와 기질이 달라도 이해의 폭을 넓힐 수 있다.

영유아 시기의 아이에게 부모의 정서와 태도가 숨겨진 말투는 큰 전달력이 있다. 아이들은 부모가 하는 말에 항상 귀를 기울이지는 않지만, 부모가 말하는 방식은 자동적으로 뇌에 기록되며 금방 알아차린다. 그러므로 부모의 따뜻한 어조는 자동적으로 뇌에 안전함을 전달하고 아이의 불안한 경보 장치를 완화시키는 효과가 있다.

텐션이 아주 높은 엄마를 만난 적이 있는데 "평소에 기분 좋을 때는 엄청 텐션이 높다가도 가라앉으면 아이에게 냉담하게 대해요. 그래서 아이가 불안해해요"라고 말했다. 그래서 5살짜리 아이는 엄마에게 반응하는 법을 이미 알고 있었다. 엄마가 냉담하게 대하면 '오늘은 말을 잘 들어야지'라고 생각하고 말수가 적어지면서 조심스레 행동한다. 엄마가 평소보다 기분이 좋은 날은 선물도 사주고 원하는 걸 얻을 수 있다. 문제는 오늘은 어떤 기분일지 예측이 불가능하다는 것이다.

언젠가 평소처럼 퇴근한 후 아이들을 데리고 지친 상태로 집에 들어섰다. 곧바로 "너희들 얼른 손 씻고, 가방 정리해! 그리고 각자 할 일 해. 엄마는 저녁 준비할게"라고 하고는 돌아섰는데, 아이들끼리 소곤거리는 말을 듣고 화들짝 놀랐다. 큰아이가 동생에게 "엄마 지금 엄청 화났나 봐. 빨리 너 할 일이나 해"라고 동생을 채근한 것이다. 그제야 내 억양만으로도 아이들이 불안해할 수도 있다는 걸 깨달았다. 아마 아이들은 '오늘 잘못 건드리면 우리한테 불똥이 튈

거야'라고 생각한 모양이다. 부끄러움은 엄마 몫이다. "너희에게 착한 엄마가 되어볼게. 조심할게!"

부모가 스트레스와 압박감을 느끼는 상황이라면, 평상시처럼 말하는 것 같아도 아이들에겐 이미 불편함이 드러난다. 안 좋은 감정이 생길 때는 아이와 나란히 앉는다. 그러면 얼굴을 마주하는 부담이 덜어지면서 마음의 여유를 가질 수 있다. 간혹 아이가 부적응 행동을 했을 때도 이렇게 앉아 있으면 아이는 혼자서 생각할 시간을 가질 수 있다. 그리고 잠시 후 진정되면 서로 마주하고 눈빛을 교환하며 대화를 이어나간다.

스트레스를 내려놓으면 진정한 조화로움이 보인다. 춤을 출 때는 서로 눈을 맞추며 다음 동작을 예측하듯이, 부모는 아이에게 맞춰 너무 빠르지도 느리지도 않게 움직여야 한다. 성급하게 움직이면 아이가 다친다. 자세를 낮추는 게 포인트다. 아이를 존중하며 추는 춤이야말로 존경받는 부모가 되는 비결인 셈이다.

✿ 스스로 던지는 질문

●●● 나만의 스트레스 해소법은 무엇이 있을까?

관심을 넘어선 관찰

객관적인 눈으로 아이를 바라보는 부모가 세상에 얼마나 될까? 부모의 오류는 자녀를 제대로 보지 못한다는 것이다. 때로는 자녀가 힘겨워할 때 "넌 할 수 있어. 도와줄게. 해봐"라고 부추기거나 "네가 그렇게 해서 뭐가 되겠니?"라며 상처를 주기도 한다. 아이들은 어느 장단에 맞춰 움직여야 할지 몰라 부모의 일그러진 일관성에 무너진다.

큰아이는 일찍 걷고 언어 발달이 또래보다 빨랐고, 동생이 생겨도 퇴행 행동은 보이지 않았다. 나는 큰아이가 신생아인 동생을 충분히 받아들였다고 성급히 판단했다. 육아휴직 중이었으나 신생아를 돌보느라 큰아이에게 애정 표현이 부족했던 모양이었다. 어느 날, 큰아이가 저녁을 먹고 실내복 차림으로 어린이집 가방을 메고 나왔다. 아이는 집을 나가겠다며 신발을 신었다. 너무나 어이없었지만 한편으로는 귀여워서 "그래, 알았어. 잘 가!"라고 말했다. 그랬더니 큰아이는 고개를 획 돌려 문을 열고 나갔다. '네가 가길 어딜 가?' 싶은 마음이었다. 그런데 문밖에서 아무 소리도 나지 않았다. 그제야 헐레벌떡 현관문을 열어보니 복도에 아무도 없었다. 순간 당황하여 2층 복도에서 이름을 불렀고, 옆집에서 아주머니와 큰아이가 현관을 열고 고개를 내밀었다. 아이는 "엄마가 가라며!"라며 울먹였다. 짧은 시간이었지만 나는 아이를 끌어안고 복도에서 큰 소리로 울음을 터뜨렸다. "엄마가 서툴러서 미안해. 생각 없이 던진 말이었어!"

이렇듯 섣부른 어른의 판단으로 아이의 마음을 헤아리지 못하고 상처를 줄 수 있다. 아이는 태어난 순서와 상관없이 부모의 관심과 사랑이 필요하다. 그러므로 관심을 기울이지 않으면 문제가 생길 수도 있다.

제주도에는 에세이 작가 이수와 그 동생인 우태의 그림을 전시한 '걸어가는 늑대들'이 있다. 그중에서도 우태가 쓴 글과 그림이 발길을 사로잡았다. '자신의 눈으로만 보는 사람은'이라는 제목인데, 입은 도드라지게 표현하고 귀는 바늘구멍처럼 점으로 표현했다. "자신의 눈으로만 보는 사람은 고집이 세다. 자신의 생각이 다 맞다고 생각한다. 그래서 남의 말을 잘 듣지 않는다. 그것은 곧 성장할 수 없다는 말이다. 누군가의 말을 듣지 않으면 나를 되돌아볼 수 없기 때문에 생각의 폭은 좁아지고 귓구멍이 퇴화되어 점점 작아져 바늘구멍처럼 변하지 않을까. 그땐 내 말만 많이 하는 큰 입만 도드라져 보일 것이다."

부모가 제대로 된 입과 귀를 지니려면 선부른 판단을 내리면 안 된다. 아이에 대해 관심을 가지고 관찰해야 한다. '알아차린다'는 말은 알아채고 감지하는 것이다. 부모의 관심으로 알아차리면 아이와 진정한 소통이 가능하다.

5살 남자아이가 엄마와 함께 캠핑 놀이를 하는데, 엄마는 자신의 취향대로 거실에 용품을 늘어놓았다. 아이는 엄마에게 "우리, 친구네랑 캠핑 가자!"라며 놀이를 시작한다.

엄마: 그래 좋아, 그런데 뭐 타고 가지?

아이: 아빠 차를 같이 타면 되지.

엄마: 차는 5명이 정원인데, 친구 가족까지 하면 6명이잖아. 같이 탈 수 있어?

아이: 있잖아, 내가 차 지붕 위에 앉아서 가면 돼!

엄마: 아, 그건 안 되는데. 경찰 아저씨한테 딱지 끊어.

아이: 그러면 아빠 무릎에 앉아서 가면 돼!

엄마: 자동차에서 안전띠 안 하면 위험한데.

아이: 그럼 아빠가 다 해결해줄 거야.

아이는 나름대로 기발한 방안이라고 신나서 한 말인데, 엄마는 아이의 반응을 살펴보는 섬세함이 부족했던 것이다. 아이는 갑자기 캠핑이 재미없어졌다. 엄마와의 신뢰에도 금이 갔다. 아이의 시선에 맞춰 따라갔다면 놀이가 확장되며 더 다양한 이야기를 하고 아이의 신뢰를 얻을 수 있었을 것이다.

"관찰의 깊숙한 세계로 들어서려면 관심만으로는 부족할 때가 많아요. 관찰 대상에 대한 관심을 넘어 애정의 단계로 들어서서 관찰 대상을 진정 사랑하는 지경까지 이르는 것이 필요해요." 생명과학자 김성호의 《관찰한다는 것》에 나온 문장이 심금을 울렸다. 대상을 사랑하고 좋아해야 깊이 있게 관찰할 수 있다. 부모는 아이를 사랑하는 마음이 넘치기 때문에 관찰하기에 좋다. 내가 보고 싶은 걸 보는 게 아니라 아이의 의도를 깊이 있게 살펴보고 다가서길 바란다.

스스로 던지는 질문

●●● 속마음을 헤아리기 힘든 너, 어느 별에서 왔니?

칭찬할 거리 찾기

모든 부모는 '눈에 콩깍지가 씌었다'는 말처럼 자식은 다 멋져 보이고 세상에 둘도 없는 귀한 존재다. 그러나 그런 표현이 아이에게 득이 될지 고민할 필요가 있다. 칭찬은 어떤 행위를 더 잘하게 하기 위해 사용된다. 아이에게 밑도 끝도 없이 "넌 참 잘해"라거나 "엄마(아빠) 아들(딸)이니까 잘하지"라는 식의 칭찬이 도움이 될까? 과연 얼마만큼 진정성 있게 아이가 받아들일까?

리액션은 행동에 대한 반사적인 작용이다. 아이는 부모가 보이는 리액션으로 자신을 가늠한다. 걸음마를 시작하고 익숙해진 아이가 미끄럼틀을 혼자 미끄러져 내려오면서 부모를 향해 손뼉 치는 시늉을 하는 것은 뭔가 시도해서 해내면 부모가 환호해주던 모습을 경험해서 학습한 것이다. 이때 "처음으로 혼자서 미끄럼틀을 탔구나. 멋진걸"이라며 구체적인 이유와 함께 칭찬해주면 좋다.

한편 칭찬이 잘하게 하는 용도로만 쓰인다면 오히려 아이에게 독이 될 수 있다. 부모의 칭찬이 익숙해져서 당연하다고 느끼는데 타인에게서는 같은 반응을 얻지 못할 때 맛보는 좌절은 엄청나다. 예를 들어 유아기 때 부모로부터 "넌 정말 착해" 또는 "잘하네"라는 말만 듣고 자란 아이는 착해야 한다는 말에 가려져서 속마음을 겉으로 드러내길 두려워한다. 그래서 친구 관계에서 부당한 일을 당했더라도 자기주장을 못 한다. 선택의 갈림길에서도 정서적으로 혼란스러울 수 있다. 그러므로 칭찬은 내적 단단함을 만드는 게 목적이어야 한다.

칭찬과 더불어 신뢰는 아이에게 책임감을 만든다. 나는 어릴 때부터 가족의 구성원으로서 해야 할 일을 정했다. 처음에는 자고 난 후 잠자리 정리하기로 시작해서 점차 한 가지씩 늘려갔다. 설거지통에 다 먹은 식기 옮기기, 빨래통에 양말 넣기, 아침에 일어나서 잠자리 정리하기를 규칙으로 정했다. 자기의 책임을 다할 때 아이는 만족하는 경험을 스스로 적립할 수 있다.

쓴소리일수록 명확하고 순서에 따라 전달한다. 단호한 훈육이 필요할 때는 잘못을 바로 지적하기보다는, 왜 이런 일이 생겼는지 되새겨보고 스스로 문제를 해결할 수 있도록 도와주어야 한다.

상황 형이 동생의 장난감을 뺏어서 동생이 우는 경우

✩ 지적하기 전에 아이가 평소에 잘한 일을 말한다.

→ "너는 동생과 함께 기차놀이를 잘하지."

✩ 아이가 지금 실수한 것에 대해 정확히 말한다.

→ "그런데 오늘은 동생의 빨간 블록을 뺏었네."

✩ 아이가 지닌 장점으로 격려하며 마무리한다.

→ "엄마가 보기에 너는 충분히 동생과 잘 놀아줄 수 있는 멋진 마음이 있어."

그러나 위험한 상황에서는 아이에게 칭찬보다는 사실을 얘기하고 해결할 수 있도록 한다. 직접화법이지만 감정이 아닌 현상을 가감 없이 말한다. "민지가 지금 공을 던졌네. 동생을 맞을 뻔했구나. 어떻게 하면 안전하게 공놀이할 수 있을까?"라는 식이다.

칭찬과 비슷한 개념이지만, 격려는 아이에게 어떤 결과를 만들도록 강요하지 않고 긍정의 언어와 행동을 표현하는 것이다. 그래서 격려는 '스스로 하게끔 하는 힘'이 있다. 그러므로 결과를 요구하거나 습관적으로 던지는 칭찬은 내려놓고 구체적인 것을 찾아 칭찬하고 격려해야 한다. 어제까지는 신발을 혼자 신지 못했는데 오늘은 짝이 맞지 않더라도 혼자 신었다면, 이를 구체적으로 칭찬해주는 것이다. "어제는 엄마가 신겨줬는데, 오늘은 신발을 혼자서 신으

려고 노력하네. 참 멋지다. 칭찬해!" 이렇듯 아이에겐 부모의 관심 있는 칭찬이 성장의 거름이 된다.

스스로 던지는 질문

●●● 오늘 내 아이를 칭찬하고 싶은 장면이 있다면 어떤 말로 칭찬할 수 있을까?

놀이에 초대받은 자

놀이는 아이를 성장하게 만드는 원동력이다. 놀이는 욕구를 충족시키는 행위로 시작되며, 놀이를 통해 배우는 감정과 배움은 끝이 없다. 놀이에 대한 욕구는 달라지지만 나이가 들어도 지속된다. 특히 영유아 시기에 놀이는 일상이며 쓸모 있는 짓이다.

놀이 형태는 성장에 따라 달라진다. 파튼Parten은 놀이를 사회적 참여도에 따라 비참여적 행동, 방관자적 행동, 단독놀이, 병행놀이, 연합놀이, 협동놀이로 구분했다. 처음에는 단독놀이로 시작하는데, 친구와 놀지만 각자 원하는 놀잇감을 가지고 독자적으로 노는 것이다. 조금 더 자라면서는 병행놀이를 한다. 혼자 놀지만 옆 친구와 같은 놀잇감으로 놀고 싶어 하는 것이다. 시간이 지나면서 다른 친구와 함께 놀고 놀잇감을 빌려주거나 빌리는 연합놀이를 한다. 그러다가 4~5살이 되면 협동놀이가 시작된다. 주제를 정하고 역할을 배분하며 사회적 상호작용이 살아 있는 놀이가 이뤄지는 것이다.

부모들은 반복되는 역할놀이를 지루해한다. 하지만 아이는 이를 통해 신호를 보내고 의사소통을 배운다. 아이가 보내는 신호를 놀이로만 생각해서는 안 된다. 역할놀이는 육아 10년의 과업 중 큰 부분을 차지한다. 입장을 바꾸어 노는 경험을 통해 또래 관계에 도움을 주기 때문이다. 자기주장이 강하게 나타나는 때라 아이는 좋은 역할을 맡고 부모에게는 일방적으로 역할을 정해주곤 하는데, 아이가 원하는 대로 놀이에 참여하되 한 번쯤은 입장을 바꾼다. 마트놀이의 경우 "엄마가 가게 주인이 하고 싶은데, 네 생각은 어때?"라며 제안해볼 수 있다. 엄마의 발언을 통해 상대방도 주인을 하고 싶다는 것을 깨닫는 기회가 되는 것이다. 아이는 이를 통해 자기와 의견이 다를 때 무시하지 않고, 마음에 들지 않을 때 스스로 해결하는 경험을 한다.

영유아기의 부모는 놀이가 과연 누구를 위한 것인지 고민할 필요가 있다. 가끔 '아이와 놀아준다'고 착각하는 부모가 있는데, 아이가 부모와 놀아주는 것이다. 아직은 부모를 필요로 하지만, 좀 더 자라면 친구를 찾는다. 아이와 노는 게 재미없다는 부모를 만나면 이렇게 말해준다. "나중에 부모님을 찾지 않을 날이 분명 다가옵니다. 오늘이 놀기에 가장 좋은 날이에요."

부모가 놀이할 때 가장 많이 고려하는 부분은 양육관에 따라 다르게 나타난다. 놀잇감을 중요하게 생각하는 부모는 최대한 좋은 놀이 환경을 마련해주려 한다. 그리고 시중에서 유행하는 장난감을 끊임없이 제공한다. SNS에 유행하는 엄마표, 아빠표 놀잇감을 검색하여 뒤처지지 않게 해주기도 한다. 그런데 책장에 책이 빼곡히 꽂혀 있거나 놀이 바구니마다 장난감이 꽉 차서 원하는 것을 찾기가 쉽지 않은 경우가 많다. 그러면 "우리 아이만 안 사주면 안 될 것 같아 샀어요"라고 변명한다. 유행에 따라 최선을 다하려는 엄마의 특징이다.

그러므로 원칙을 세워야 한다. 장난감은 아이가 원하는 것으로 선택하되, 아이가 필요로 할 때 적재적소에 놓아둔다. 장난감이 전시되듯 엄마의 의도대로 반듯하게 자리를 지키면 안 된다. 아이의 손이 닿을 위치에 좋아하는 놀잇감이 배치되어 있어야 한다. 또한 완성도가 낮아도 엄마나 아빠와 함께 만든 것이 좋다. 직접 부모님과 함께 만들면 더 크게 만족감이 채워질 수 있다. 한편 놀잇감보다 체험을 중요하게 생각하는 부모는 아이와 함께 다양한 체험을 탐방한다.

아이가 '좋아하는 공간'에서 아이가 '선택한 놀잇감'으로 놀고 있는지, 놀이에서 아이가 '어떤 역할'을 수행하고 있는지 점검해야 한다. 여러 가지 놀이를 통해 스스로 성공을 경험할 수 있어야 한다. 아이에게는 자기가 놀이에서 진정한 주인공이라는 사실이 중요하다. 놀이하는 데 적절한 장소는 자연을 체험할 수 있는 익숙한 놀이터다.

다음은 양육 코칭 중 부모님과 6세 여자아이의 놀이 영상을 관찰한 내용이다.

아이와 엄마 놀이

엄마: (아이와 장난감 앞에 앉으며) 엄마랑 뭐 하고 놀까? 우리 이거 만들까?

아이: (장난감을 골라 엄마를 흘끗흘끗 보면서) 이거 어때, 엄마?

엄마: 그건 어제 했는데. 오늘은 아이스크림 가게 놀이 어때?

아이: (엄마의 표정을 주목하며) 그게 좋겠어.

엄마: 엄마가 주인 할게. 너는 손님 할까?

아이: 알았어. 내가 손님이야.

엄마: (아이스크림을 제조하며) 어서 오세요, 손님. 무엇을 드릴까요?

아이: 전 딸기 아이스크림이요.

엄마: 손님, 오늘은 딸기 아이스크림이 품절인데요. 초코는 어때요?

아이: 알았어요. 초코로 주세요

아이와 아빠 놀이

아이: (아빠에게 다가가) 아빠, 강아지 할 수 있어?

아빠: (무릎을 땅에 대고 자세를 낮추며) 이렇게 왈왈 짖으면 되지.

아이: 맞아, 우리는 산책 가는 거야. 아빠는 강아지 역할이고 나는 강아지

주인이야.

아빠: 그럼 너를 따라가면 돼?

아이: 바로 그거야. 내 옆에 잘 따라와야 해.

아빠: 네, 주인님!

아이: (소파 위에 올라가며) 언덕 위에 올라갔다 치자. 야호! 야호!

아빠: (따라서 올라가며) 멍멍! 왈왈!

엄마는 아이의 앞에서 언어로 아이와 놀고, 아버지는 뒤에서 몸으로 아이를 따라가주었다. 그 점을 지적하자 엄마는 눈시울을 붉혔다.

"이거였네요, 제가 잘못하고 있던 게. 늘 아이가 아빠의 귀가를 기다리고 아빠와 놀 때 목소리가 커지는 이유가 그거였네요."

엄마는 아이의 놀이를 이끄는 지시자이고, 아빠는 아이의 놀이에 초대된 참여자의 입장이었다. 아이가 "바로 그거야"라고 한 것은 "어떻게 정확히 알았지? 아빠 최고!"라는 뜻이었던 것이다.

한편, 코칭하던 어느 가족은 안방 침대에서 아빠, 엄마, 형, 동생이 잡기 놀이를 한다고 했다. "어머니, 잠자기 전에 매일 그렇게 놀아주시나요?"라고 질문했다. 별일이 없으면 자기 전에 20분 정도 논다고 엄마가 대답했다. 그런데 아이들이 놀이 후 바로 잠자리에 들지 않고 더 놀아달라고 해서 걱정이라고 했다. 이런 경우에는 잠자리 분위기를 조성할 필요가 있다. 잠자기 전에는 정적인 놀이가 좋으니, 목욕하고 나른한 상태에서 차분하게 아이가 고른 동화책을 읽어주거나 하루 동안 있었던 일을 이야기하도록 했다. 신체놀이는 필요하지만, 저녁 식사 후 목욕 전에 마쳐야 한다.

부모는 놀이를 잘하고 싶은 욕구가 있다. 그러나 너무 잘하려는 의욕은 화를 부른다. 아이가 무엇에 관심 있는지 살펴보고 참여자로 놀이를 함께하는 정도로 충분하다. 예를 들어 큰 전지에 아이가 그림을 그리려고 할 때 "이것 봐! 이렇게 그리면 되는 거야"라고 부모가 먼저 그리면서 가르치려 하면, 아이가 무엇을 그리고 싶어 하는지 놓친다. 아이는 부모와 함께하는 것만으로도 즐겁다.

스스로 던지는 질문

••• 우리 집의 '놀이 가훈'은 무엇인가?

놀이는 이다.

보물대화는 지혜

아이가 갖춰야 할 중요한 역량은 여러 가지가 있는데, 그중 하나가 스스로 이끌어나가는 주도성이다. 부모는 아이의 주도성을 확립하기 위해 신뢰와 존중의 마음을 가져야 한다.

나는 박사 과정에서 이소희 지도교수와 '보물대화TREASURE Talk' 개발에 참여했다. 보물대화는 Treaking, Reflecting, Encouraging, Asking, Say nothing, Understanding, Reminding, Enjoying의 머리글자를 따서 만든 용어다. 말에는 생명이 있고, 아이에게는 부모가 생명줄이며, 존중의 태도를 지니고 아이를 키워야 한다는 것을 기본으로 한다. 지금보다 복잡한 세상을 살아가야 할 아이들은 부모에게 존중받은 경험을 바탕으로 성장한다.

'Tracking'은 아이의 행동에 관심을 가지고 따라가는 것이다. 아이의 행동에 부모가 관심을 가져야 행동을 따라 하고 상호작용이 가능하다. 우선 아이의 옆에 다가서야 아이는 부모의 체온을 느끼면서 심리적으로 안정감을 느낀다. 그리고 아이의 행동을 언어로 가볍게 읽어준다.

→ "준서가 엄마를 보고 기어 오네. 엄마가 네 옆에 있을게!"

→ "(옆으로 다가가 앉는다.) 인영이가 책을 보고 있구나."

'Reflecting'은 아이가 한 말을 거울처럼 반영하며 공감해주는 것이다. 아이가 말하면 고개를 끄덕이고 추임새를 넣어 반응한다. 이때 아이는 자신이 하는 행동과 말에 부모가 반응하며 공감해주고 있다고 느낀다. 아이는 자신이 주인공의 역할을 잘하고 부모로부터 존중받는 존재라고 느끼며 신뢰가 형성된다.

→ "아하! 명찬이가 엄마(아빠)라고 부르는 거구나."

→ "서윤이가 '비행기예요'라고 말하네."

'Encouraging'은 아이의 언행을 구체적으로 격려해주는 것이다. 아이의 행동이 표현하고자 하는 긍정적 의도까지 읽어서 과정을 구체적으로 다루며 격려해야 한다. 이때는 말과 행동이 함께 표현될 수 있다.

→ "엄마에게 물을 주려고 한 거구나. 인영이 칭찬해줄게. 와! 멋지다. (엄지척)" 

→ "동생과 같이 놀고 싶어서 장난감을 다 들고 온 거네. 오! 칭찬해. (박수)"

이런 과정을 거쳐 라포가 형성되면 질문이 필요하다. 그러나 지나친 질문은 소통을 단절시키기도 한다. 학교나 학원에서 돌아온 아이에게 "오늘은 뭐 먹었어?", "친구들이랑 잘 놀았어?", "선생님과 어떤 놀이 했어?", "재미있었어?" 등의 질문을 쏟아내지만, 아이는 듣는 둥 마는 둥 무성의하게 대답한다. 어른들도 질문이 쏟아지면 어려워한다.

'Asking'은 아이가 넓고 깊은 생각을 키우도록 질문하는 것이다. 누가, 언제, 어디서, 무엇을, 어떻게, 만약에 등을 사용해서 질문하면 효율적이다.

→ "오늘 학원에서 누구와 친하게 지냈어?"

→ "친구랑 놀이 중 언제가 가장 즐거웠어?"

질문을 하고 난 뒤가 더 중요하다. 부모의 인내력이 필요하다. 'Say Noting'은 아이가 대답할 때까지 무한 존중하며 기다리는 것이다. 아이가 답할 수 있는 여유를 줘야 한다. 5초 정도 시간을 주고 아이가 말할 때까지 부드럽게 지켜본다.

질문과 대답이 오가는 과정에서 아이들의 엉뚱함을 발견할 수 있다. 'Understanding'은 아이의 어떠한 답에도 절대 긍정으로 이해하는 것이다. 때로는 맞는 말도 있지만 엉뚱하고 기상천외한 답을 내놓기도 한다. 이는 볼 수 있는 어른에게만 캐낼 수 있는 보물이다. 부모는 엉뚱한 말에도 당황하지 말고 위험하지 않은 내용이면 일단 수용한다. 그리고 아이들의 말을 다시 한번 정리하여 아이가 이해하도록 정보를 더해준다.

→ "그러니까 친구랑 소꿉놀이가 즐거웠다고 말하는 거구나!"

→ "친구와 한 블록 놀이가 재미있었다는 거지?"

대화를 이끄는 방법 중 수용과 이해는 긍정을 지속되게 하는 힘을 가지고 있다. 'Reminding'은 아이가 몰입한 상황을 기억하고 표현하도록 하는 것이다. 놀이를 마무리한 후 함께한 시간에 대한 느낌을 아이가 먼저 말해보게 하고 부모도 놀이에서 느낀 것을 말해준다.

→ "오늘 아빠(엄마)와 놀이한 것 중 어떤 것이 기억에 남아?"

→ "엄마(아빠)는 네가 기린을 보며 목을 길게 빼고 흉내 내는 모습이 기억에 남아."

마지막으로 'Enjoying'은 아이와 함께한 시간을 축하하며 즐기는 것이다. 놀이의 상징을 남기든, 실물로 된 놀이 결과물을 보존한다. 놀이가 즐거움으로 마무리되지 않는 건 배려하지 않기 때문이다. 이를테면 블록 놀이가 끝났을 때 마구 쓸어 담곤 하는데, 아이의 행복한 추억까지 함부로 버리는 것 같은 행동이다. 진정한 존중은 상대방에 대한 배려다. 자칫 바쁜 일상 탓에 서두르는 습관이 있다면 실천하기 어려우므로 연습이 필요하다.

작은아이가 어릴 때 어느 순간 너무 귀여워서 '이대로 머물러서 안 컸으면 좋겠다'는 생각이 들었다. 하지만 나의 바람일 뿐 아이는 거침없이 성장했다. 아이가 성장하면 부모는 아쉬움과 추억만으로 살아간다. 그래서 부모 교육을 할 때는 행복한 일상을 사진으로 남길 것을 추천한다. 보고 싶을 때마다 일일이 핸드폰을 보기보다는 아이와 즐거운 장면을 선택하여 출력하고 키가 닿는 높이에 붙여두면 좋다. 좋은 추억은 평생을 살아갈 원동력이 된다. 어린 시절 부모와의 행복한 경험이 많은 아이들은 어려운 순간이 닥치면 행복한 기억을 소환하고 다시 일어설 힘을 낸다.

▌TREASURE 코칭 모델

Tracking	아이의 행동에 최대관심을 가지고 따라가기
Reflecting	아이가 한 말을 거울 보듯 반영하며 공감하기
Encouraging	아이가 한 언행을 구체적으로 격려하기
Asking	아이가 넓고 깊은 생각을 키우도록 질문하기
Say Nothing	아이가 대답할 때까지 무한 존중하며 기다리기
Understanding	아이의 어떠한 답에도 절대 긍정으로 이해하며 더하기
Reminding	아이가 완전 몰입한 상황을 기억하고 표현하기
Enjoying	아이와 함께한 시간을 축하하며 즐기기

보물대화 노래

✿ 스스로 던지는 질문

●●● 아이들과의 행복한 추억을 기록하는 나만의 방법이 있다면?

CCTV는 그만!

보물대화는 아이가 중심이 되고 부모가 따라가는 대화법으로 연습이 필요하다. 하지만 CCTV 대화는 성인이 중심이 되어 아이의 마음을 헤아리지 않는 것이다. 아이에게 명령하고, 비난하거나 꼬리표를 달고, 잔소리하는 대화는 멈춰야 한다. 이런 대화는 독이 되고 상처가 되어 아이를 성장시키지 못한다.

'명령하기Command'는 하고 싶은 것을 못 하도록 금지하거나 하기 싫은 것을 시키는 대화다. 이런 명령어는 아이를 주도적으로 성장하지 못하게 만들며 아이가 부모가 제시한 과업을 이행해야만 한다는 부담감을 준다.

상황 **아침에 등원 시간에 텔레비전을 보는 아이**

Oh, NO! CCTV	Oh, YES! TREASURE
아이: (엄마가 텔레비전을 끈다.) 아!	아이: 우와! 재미있다. 또 봐야지.
엄마: 이제, 그만 봐! 아직도 그러고 있니? 오늘 학원에 안 갈 거냐고. 그러니까 많이 못 놀고 오지. 빨리 가방 메고 와, 어서!	엄마: 텔레비전을 보고 있구나. 벌써 어린이집에 갈 시간이네. 친구들이 기다릴 텐데 어떻게 하면 좋을까?

'비난하기Criticize'는 높은 기준을 적용하여 아이의 발달 수준을 고려하지 않고 비하하는 것으로, 무시하고 비교하는 대화법이다. 인간의 발달은 순서는 같아도 개인의 특성에 따라 어떤 아이는 9개월에 걷고 어떤 아이는 12개월에도 걸음을 떼지 못하는 등 시간 차이가 난다. 그러므로 아이의 기준을 누구랑 비교하면 상처가 되고, 강점을 바라보는 데 방해가 된다.

상황 **책을 엄마에게 읽어달라고 하는 아이**

Oh, NO! CCTV	Oh, YES! TREASURE
아이: 엄마! 동화책 좀 읽어주세요.	아이: 엄마! 동화책 좀 읽어주세요.
엄마: 옆집 우현이는 책도 잘 읽던데, 너는 그렇게 읽어달라고만 하니? 언제나 혼자 읽을래? 너를 보고 있으면 걱정이 태산이다. 아이고, 답답해라!	엄마: 엄마와 함께 책을 읽고 싶은 거구나. 인성이와 책을 읽으면 엄마도 재미있겠는걸. 자! 오늘은 어떤 책을 골랐는지 볼까?

'꼬리표 달기Tag'는 신체적인 부정적 특징이나 부적응 행동, 정서적 문제 행동에 이름을 붙이는 것이다. 꼬리표는 일반적으로 부적절한 것이라 열등감을 느끼게 한다. 그러면 아이는 자신을 존중하지 못할뿐더러 긍정적이지 못하게 된다. 아이가 귀엽다고 '뚱땡이, 울보쟁이, 떼쟁이' 등으로 부르면 안 된다는 말이다.

상황 친구들과 놀이하다가 다투고 우는 아이

Oh, NO! CCTV	Oh, YES! TREASURE
아이: (울먹거리며) 나 이제 친구랑 안 놀 거예요.	아이: (울먹거리며) 나 이제 친구랑 안 놀 거예요.
엄마: 또 친구랑 싸운 거니? 아니면 누가 널 괴롭혀? 친구들과 잘 놀라고 했잖아. 하여튼 넌 울보야!	엄마: 예준이가 속상한 일이 있었구나. 엄마에게 무슨 일이 있었는지 말해주면 함께 생각해볼 수 있을 것 같아.

'잔소리하기Vex'는 아이가 행동하기 전에 걱정한 나머지 잔소리하고, 행동하는 도중에 계속 끼어들고, 행동이 끝난 후에도 결과를 가지고 부정적으로 말하는 대화법이다. 이는 성급한 부모가 저지르곤 하는 실수다. 그러면 아이는 부모와의 관계가 소홀해지고 도전하고 싶어도 움츠러들고 만다. 아이에게는 시간이 걸려도 스스로 이루는 작은 성공 경험이 필요하다. 부모의 지나친 간섭으로 자기 역량을 발휘하지 못해서는 안 된다.

상황	장난감을 흐트러뜨린 채 다른 놀이를 하려는 아이
Oh, NO! CCTV	Oh, YES! TREASURE
아이: 이제, 그만 정리하고 그림 그려야지. 엄마: 블록도 상자에 넣고, 매트도 정리하고, 또 다하면 제자리에 가져다 놔야지. 제발 정리 좀 하라고 했잖아. 넌 저게 안 보이나 보구나.	아이: 이제, 그만 정리하고 그림 그려야지. 엄마: 은영이가 두 손으로 블록을 상자에 하나둘씩 정리하고 있는 모습이 정말 대견스러운걸. 칭찬해! 엄마가 무엇을 도와주면 좋을까?

아이에게 하지 말아야 할 CCTV 대화

명령하기 Command	- 하고 싶은 것을 하지 못하게 금지하기 - 하기 싫은 것을 하도록 시키기 → 명령은 아이가 놀이를 이끌어가지 못하게 하고, 명령을 이행하지 않으면 불쾌한 분위기가 조성될 수 있다.
비난하기 Criticize	- 높은 기준을 적용하여 비하하기 - 개인차를 무시하고 비교하기 → 비난은 아이의 행동을 부정적으로 보는 것이라 문제 행동을 감소시키는 데 효과적이지 않으며, 오히려 바람직하지 않은 행동을 증가시킬 수 있다.
꼬리표 달기 Tag	- 신체적, 행동적, 정서적 특징을 부정적으로 명명하기 → 꼬리표는 부적절하며 열등한 의미로 내재화할 수 있으므로 개인의 자아 존중감과 가치감을 감소시킬 수 있다.

잔소리하기 Vex	- 행동하기 전에 잔소리하기 - 행동하는 동안 잔소리하기 - 행동한 후에 결과를 보며 잔소리하기
	→ 잔소리는 자기 결정에 의해 생각하거나 행동할 수 있는데도 개입하여 자존감과 자율성 형성에 방해가 될 수 있다.

스스로 던지는 질문

••• 내 안에 CCTV 부정 언어 중 가장 큰 비율을 차지하는 말이 있다면?

맞춰 가는 거야

점차 욕심이 생기는

난 급한 엄마!

너만의 속도로 가는

넌 느린 아이!

우리 잘하는 거 맞지?

PART 2

너무나 다른 우리

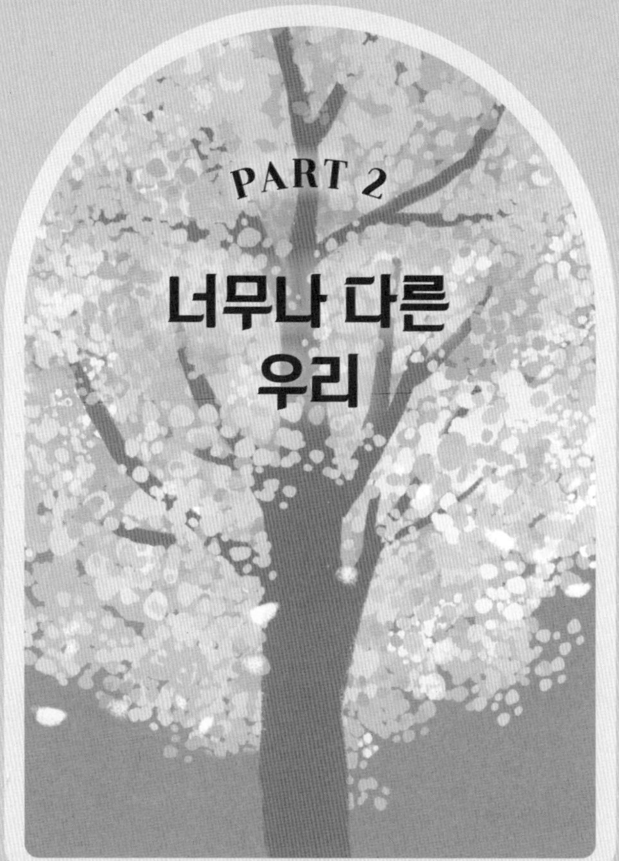

초등생 엄마의 성장통

아이가 성장하며 문제 상황에 처하면 어찌할 바를 몰라 당황한다. 자극에 대한 적절한 대처 방법을 찾는 데 익숙하지 않기 때문이다. 부모에게는 육아의 시기마다 돌발적인 변수가 생긴다. 발달 단계별로 예상치 못한 행동이 느닷없이 들이닥칠 때가 온다. 이 상황에 어떻게 대처하는가에 따라 부모로서 성장 여부가 정해진다.

두 아이를 키우면서 세월이 빠르다는 말이 실감 났다. 드디어 큰 아이가 학교에 입학하면서 초등생 엄마가 되었고, 마음이 분주해졌다. 교육 시설에 근무하느라 아이가 입학하고 한 달 가까이 등하교 시간을 맞출 수가 없었다. 그래서 아빠가 격주로 회사에 휴가를 내고 아이의 등하교를 책임졌다. 그랬더니 아이 친구 엄마들 사이에서 아침마다 아이를 데려다주고 귀가시키는 남편을 무직으로 여겼던 모양이다. 요즘은 육아와 가정일에서 맞벌이 부부라면 함께 분담해서 맞춰가지만, 17년 전만 해도 아빠가 매일 학교에 오면 의아하게 보곤 했다.

오후엔 방과 후 수업이 활성화되기 전이라 하교 후 시간을 보낼 안전한 대안이 필요했다. 학교 근처에 있는 학원을 알아보고 학교가 끝나는 대로 보내는 게 최선이었다. 그래서 피아노학원과 미술학원을 다니게 되었다. 아이가 원하는지는 묻지도 따지지도 않고 물리적 거리를 고려하여 내린 결정이었다.

그러던 어느 날, 오후에 피아노학원 근처를 지나는데 골목에서 아이가 눈에 띄었다. 지금은 피아노학원에 있어야 하는 시간이었다. 아이를 발견하고 놀란 듯 소리쳤다. "네가 왜 거기 있어?" 그러자 아이는 얼떨떨해서는 야단맞을까 봐 얼어버린 표정을 지었다.

먼저 아이의 상태를 민감하게 알아차려야 했다. 분명 이유가 있을 거라고 생각하고 넘겼어야 했다는 걸 깨달았을 때는 이미 늦었다. 어떤 상황에서는 옳고 그름을 캐묻기보다 아이의 상태를 관찰하고 부드럽게 다가서야 한다. 나중에 아이는 "오늘은 피아노학원에 가기 싫어서"라고 말했다. 속으로는 '그래, 그럴 수 있지'라고 생각은 했지만, 마음과 다른 태도로 상처를 주고 말았다.

다음은 아이가 학교에서 화를 내며 귀가할 때의 대화법이다. 둘 중 무엇을 선택할지는 부모에게 달렸다.

아이: (현관문을 쾅 닫고 들어온다.)

부모: (큰 소리로) 너 왜 이렇게 화가 난 거야?

아이: (말없이 방으로 가서 가방을 던지듯 내려놓는다.) 몰라!

부모: 너 지금 엄마(아빠) 말 안 들려? 왜 대답을 안 해?

아이: (방문을 쾅 닫아버린다.)

부모로서는 단지 상황이 궁금했겠지만, 말이 속마음과는 다르게 튀어나와서 아이의 행동에 딴지를 걸며 비난한 것이다. 그러면 아이는 더 화를 낸다.

아이: (현관문을 쾅 닫고 들어온다.)

부모: (멈추고) 현관문을 쾅 닫았네.

아이: (말없이 방으로 가서 가방을 던지듯 내려놓는다.)

부모: (분석하고) 지금은 말이 하고 싶지 않은 모양이구나.

(실행하기) 네가 생각이 정리되면 엄마에게 이야기해줄래?

아이: 사실은 엄마, 학교에서 속상한 일이 있었어.

이렇듯 부모가 부정적인 비난을 멈추고 생각한 뒤 친절한 어조로 말을 이어가면 아이에게는 말할 여유가 생긴다. 말이 마음보다 앞서 급하게 나갈 때는 꽉 붙잡아야 한다. 교사 시절에 아이들에게 질문하면 이름이 불려 나온 아이는 머리를 긁적이기도 하고 몸을 이리저리 틀며 답하는 걸 머뭇거릴 때가 있다. 이럴 때 속으로 가만히 노래를 부르며 기다렸다. 아이를 기다려주는 나만의 방법이었다. 그러면 아이는 "선생님, 있잖아요" 하며 말을 시작한다. 실제로 기다린 시간을 재어보면 몇 초가 되지 않는다. 그렇게 길지 않은 시간인데도 기다리는 대신 다른 순서로 넘어가거나 말을 돌리면, 말하려 준비하던 아이에겐 배신감이 느껴질 것이다.

이럴 때는 우선 멈춤이 정답이다. 그리고 수용이라는 너그러움을 바탕으로 분석하고 친절하게 행동한다. 'Stop, Think. Do'를 마음에 새기고 실천하기를 바란다.

Stop!

아이와 어떤 상황이 발생하면 멈춘다.

Think!

둘 다 잠시 숨을 고르며 생각한다.

Do!

부모는 아이가 선택하도록 돕는다.

✿ 스스로 던지는 질문

●●● 육아에서 내가 멈춰야 하는 것이 있다면?

첫째라는 이름이 주는 무게감

요즘 들어 K-장녀라는 말을 자주 듣는다. 장녀라는 무게감은 겪어본 사람만 아는 법이다. 과거에는 가정 내에서 장녀들이 부모 돌봄을 떠맡으면서 맏이라는 부담과 여성이라는 특수성 때문에 더욱 힘든 시기가 있었다. K-장녀는 장녀라는 콤플렉스에서 벗어나 변화를 모색하며 '더는 이렇게 살지 않겠다'고 선언하는 의미를 담고 있다.

맏이는 가정에서 첫 번째 맞이하는 아이라서 부모도 준비가 안 된 상태다. 맏이는 부모와 처음에는 1:1의 관계를 유지하다가 동생이 생기며 책임과 독립이라는 짐을 지는 시간이 온다. 스스로 프레임을 짜고 그 안에 자신을 가두기를 거듭하며 다른 결핍이 쌓일 수도 있다.

학창 시절, 나는 그림 그리는 것이 재미있었고 재능 있다는 말도 들었다. 미대 진학을 꿈꾸기도 했지만, 당시 가정형편이 녹록지 않았다. 그래서 시도조차 안 했다. 두 동생에게 물질적으로 피해를 주고 싶지 않아서였다. 누구도 요구하지 않았는데 스스로 압박감을 느낀 결과였다. 하지만 그때는 장녀라서 그런 결정을 내렸다는 사실조차 몰랐다.

큰아이가 초등학교 1학년일 때, 겨울방학에 친구 가족과 스키장에 갔다. 작은아이가 어려서 함께 슬로프 아래서 지켜보고 아빠와 큰아이는 스키 강습을 받고는 스키를 타러 갔다. 추운 겨울인 데다 스키는 처음이고 높은 곳에서 리프트를 타고 내려오는 건 쉽지 않았을 거다. 큰아이는 힘들다는 말 한 번 없이 여러 번을 탔다. 다음 날은 근육통을 심하게 앓아서 아플 정도였다. 지금 생각해보면 아이는 엄마와 아빠의 기대에 부응하려고 애썼던 것 같다. "힘들면 다음에 해도 돼. 지금 어려울 수 있으니 네가 하고 싶을 때 해도 된단다"라고 이야기해줄 수 있었다면 좋았을 텐데.

큰아이는 동생에게는 바쁜 엄마 대신 의지할 대상이었고, 당연히 뭐든 스스로 잘 해내야 했다. 내가 석사 학위를 받을 때 큰아이는 초등학교 2학년이었는데 든든한 나의 지원군이었다. "너로 인해 엄마가 공부를 마칠 수 있었어. 고마워. 동생이 태어나기 전 35개월은 너를 위한 엄마였고 너와 늘 함께였는데, 그 후에는 엄마가 더 예뻐해주고 더 많이 못 놀아줘서 미안해." 이렇게 미안함과 고마움을 담은 말을 건네고 싶다.

요즘에는 쌍둥이 가정이 많다. 쌍둥이 가정에서는 출생 순위에 의미를 두지 않는 편이다. 겨우 1분 차이이니 위아래를 나누지 않는 것이다. 사실 출생 순위보다 중요한 건 서로 다른 인격체로 존중해주는 것이다. 두 아이 모두에게 공감하고 수용할 수 있다면 최상이다. 그러나 현실적으로는 너무나 다른 기질과 성향 때문에 육아에 어려움을 겪을 것이다.

어떤 쌍둥이 엄마는 한 아이는 발달이 빠르고 다른 아이는 조금 느려서 같은 학원이라도 다른 반에 넣는다고 했다. "선생님들이 두 아이를 비교하는 걸 여러 번 듣다 보니 스트레스가 생기더라구요." 첫째가 둘인 동시에 막내가 둘이라서 육아가 힘들겠지만, 지치지 않기를 응원해본다.

✿ 스스로 던지는 질문

●●● 내가 아이에게 이것만은 지키라는 원칙이 있다면?

자신감을 자존감으로

자신감과 자존감의 차이는 무엇일까? 조안 로이드 게스트Joan Lloyd Guest는 "자존감은 자신을 어떻게 바라보고 느끼는가와 관계된 말이며, 자신에 대한 스스로의 가치 평가로서 자신을 대하는 자세에서 나타난다"고 말한다. 아이의 자존감을 형성하려면 스스로 자신이 얼마나 쓸모 있는 사람인지 느끼고 자기가 하고 싶은 것을 조절할 수 있게 하는 것이 중요하다. 이처럼 자존감은 '나를 어떻게 평가하는가?'에 관한 답이 될 수 있다. 아이들이 비난받거나 트라우마가 생겨 감정이 추락하면 '자존심이 상한다'라고 표현하는데, 자존감과 연관된 감정이 자존심이다.

부모들은 아이의 자존감을 과업을 수행할 때의 능력으로 평가한다. 이때 부모의 목표가 아닌 아이의 발달에 맞춰서 난이도를 조절해야 한다. 그 과업을 달성했을 때 아이의 자신감이 높아진다. 작은 아이는 어릴 적 누나 방 책장 위가 궁금한지 까치발을 들고 손을 뻗곤 했다. 그걸 본 아빠는 "책장 위가 궁금하구나" 하며 얼른 알아차리고 아이를 번쩍 들어 올려서 직접 만져보게 했다. 기차 모양을 한 연필깎이였다. 만약 아빠가 책장 위에 있는 걸 직접 꺼내서 손에 쥐여줬다면 만족감이 반으로 줄었을 것이다.

여기서 중요한 점은 아이들은 자신이 할 수 있는 수준을 넘어서려 한다는 것이다. 초등학생이 된 아이의 놀이는 과감하고 정교해지면서 해볼 만하다는 자신감을 가질 수 있는 정도이되 유아기보다 난도가 높아져야 한다. 아이가 이를 성공하는 과정에서 자신을 가치 있는 존재로 인식하는 경험이 중요하다.

초등학생은 차츰 어려워지는 과제를 통해 무엇을 얻는지 본질에 초점을 맞춰야 한다. "성공했니?"보다는 "새롭게 얻게 된 것은 무엇이지?"라고 물어서 스스로 발견하는 데 집중해야 한다.

그런데 부모는 아이의 행동을 지적하며 언어적 실수를 저지르곤 한다. 시험을 마친 아이가 성적이 좋지 않다며 짜증을 내면, "네가 뭘 열심히 했다고 그러니? 그럴 줄 알았어"라고 말하는 식이다. 이런 말이 아이의 자존감에 어떤 영향을 주는지 점검할 필요가 있다. 그런 말을 들으면 아이는 '아, 그래? 내가 뭘 잘하겠어? 그냥 이렇게 살지, 뭐'라며 포기해버린다. 부모가 아이와 나누는 말은 아이의 마음에 오래도록 남는다. 그리고 성장기 동안 어떤 양분을 받는지, 제

때 채워지는지에 따라 뿌리가 견고한 나무로 성장하거나 비바람에 쓰러지는 나무로 성장한다. 그러므로 '무엇을 넣어줘야 아이가 잘 할까?'에 집중하기보다 '아이의 안에는 어떤 것이 있을까?'를 궁금해야 한다. 아이에게 무엇을 넣어서 효과를 보려는 건 '부모의 욕구'이지만, 아이 안에 있는 걸 찾아 충분히 발휘하도록 해주는 건 '부모의 지원'이다.

자존감을 형성하기 위해서는 아이가 스스로 목표를 설정해야 한다. 때로는 실패하더라도 다시 일어서는 힘을 만들어야 한다. "지금 있는 그대로 충분하다"라는, 자존감을 회복시켜주는 말 한마디를 찾아서 연습해보자. 아이가 스스로 선택하고, 시도했지만 잘 안 되어 좌절할 때가 있다. 아이가 피아노를 배우고 싶어 해서 학원에 등록했는데 몇 달 후 힘들다고 하면, 부모가 어떻게 대응해야 할까? 아이의 자존감을 올려줄 방법을 찾아보자.

첫째, 비난은 금물이고 수용이 먼저다.

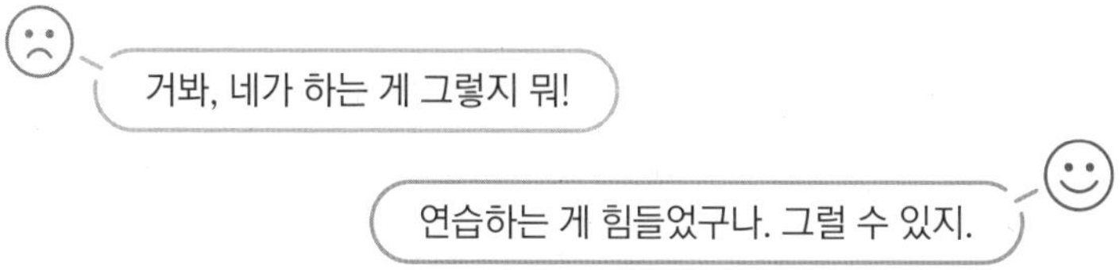

둘째, 부모가 어디까지 허용해줄 것인지 한계를 설정해야 한다.

그럼 이번 달까지 다니고 그만둬.

엄마(아빠)는 네가 이번 책을 마칠 때까지는 해보는 게 좋을 거 같아.

셋째, 부모는 일관성을 지키며 방법을 찾도록 해야 한다.

그것도 못 하겠으면 말해. 엄마가 학원에 전화할게.

만약 어렵다면 다른 방법을 네가 생각해보고 말해줄 수 있지?

스스로 던지는 질문

●●● 내 아이의 자존감을 키워주는 말은 무엇일까?

생명을 소중하게 여기는 아이

긍정심리학에서는 '행복의 만개滿開'라는 뜻에서 '플러리시flourish' 라는 말을 쓴다. 나 역시 플러리시한 부모가 되고 싶어서 나만의 육아 강점을 찾는 데 집중했다. 하지만 늘 좋은 마음을 유지하기는 어려웠기에 좋은 마음, 긍정이라는 단어가 의미심장하게 다가왔다. 마틴 셀리그만의 긍정심리학은 인간의 긍정적인 측면을 과학적으로 탐구하고, 인간의 행복과 성장을 지원한다. 부정적인 측면을 제거하기보다 긍정성에 더 관심을 가져야 하며, 일상에서 행복감과 만족도를 높이기 위해서는 자신만의 대표 강점을 발견해야 한다고 주장한다. 창의적인 아이디어를 개발하여 강점을 적용하는 과정에서 행복감이 증진된다.

작은아이는 어릴 적부터 생명체를 좋아해서, '우리 동네 파브르'

라는 별명이 붙을 정도였다. 돌이 지난 여름에 개울가로 나들이를 갔는데, 이제 막 걸음을 뗀 아이가 개울가에 발을 담그고 한참을 놀았다. 아이는 손을 넣어 돌을 뒤적거리며 작은 피라미와 움직이는 물속 미생물을 만지느라 입술이 파래질 정도가 되어도 물에서 나오지 않았다.

초등학생이 되자 여름이면 매미채와 곤충 채집 가방을 어깨에 둘러메고 나가서 매미 20마리를 잡아야만 집으로 돌아왔다. 그리고 엄마에게 확인시켜주고 베란다에서 다시 20마리를 몽땅 하늘로 날려주었다. 3학년 여름에는 제주도 가족여행을 가려고 김포공항에 갔는데, 검색대를 아이가 통과할 때 경고음이 들려왔다. 아이가 메고 있던 크로스백에서 칼과 가위가 나와서 그 자리에서 압수당했다. 왜 가져온 건지 물었더니, 제주도 바다에 사는 생물이 궁금해서 채집하려 가져왔다고 했다. 그 상황이 황당하기도 했지만, 아이가 늘 메고 다니는 가방에는 눈금자와 돋보기, 가위가 있었는데 내가 인지하지 못하고 검색대를 통과하게 한 것이었다.

그 후로 아이를 위해 환경을 만들어주고 싶었다. 그래서 가정에서 키울 수 있는 물고기를 먼저 시도했다. 식용 달팽이에 관심을 보여서 먹이를 주고 키우며 자라는 과정을 관찰했다. 달팽이의 엄청난 배설물을 치우는 당번은 아이였다. 어느 날은 장수풍뎅이 알을 체험행사에서 얻어 와서, 유충이 되고 번데기에서 성충이 되는 것까지 지켜봤다.

도롱뇽 알, 올챙이, 누에, 개미에 이르기까지 채집이 가능한 생명체는 아이가 다 만져보고 책임감을 가지고 키워보게끔 했다. 부모로서 환경을 제공한 것이었지만, 나는 움직이는 생명체를 무서워했기 때문에 힘들었다. 그러나 아이는 작은 생물을 키우며 배려심을 배우고, 잘 키우는 방법을 고민하며 온도와 습도, 먹이 등을 책에서 찾아봤다.

경영학에서 사용하는 SWOT 분석 방법은 강점strength, 약점weakness, 기회opportunity, 위기threat의 앞 글자를 딴 것으로, 기업에서 내부 환경과 외부 환경 요소를 기반으로 현황을 분석하여 기업의 잠재적 가능성과 강점을 발견하는 방법이다. 우리가 알고 있는 가곡의 왕 슈베르트를 SWOT에 의해 분석해보자. 강점은 음악적 재능이 있는 것이고, 약점은 시력이 안 좋은 점, 위협 요인으로는 음악가가 되는 것을 아버지가 반대한 것, 기회 요인으로는 살리에르 선생님을 만나 꿈을 이룬 것이었다.

아이가 잘하는 것, 재미있어하는 것, 오래 할 수 있는 것을 관심을 가지고 지원해주는 것이 곧 아이의 강점을 키우는 셈이다. 갤럽의 회장인 짐 클리프턴은 어린 시절 주의력결핍장애를 겪었다. 짐 클리프턴은 정도가 심각했지만, 그가 성공할 수 있는 요인은 바로 아버지인 도널드 클리프턴에게 있었다. 그는 아들에게 "너의 약점은 절대로 고쳐지지 않을 것이다. 하지만 너의 강점은 무한히 개발될 수 있다"라고 말했다. 아들인 짐 클리프턴이 주의력결핍장애를 딛고 가장 잘할 수 있는 일을 찾아 꿈을 꾸고 실천하게 했다. 그 결과 짐 클리프턴은 상대의 마음을 움직이는 마케팅에 성공했다.

아이가 곤충보다 언어나 수에 관심을 가지길 바란 적이 있었다. 하지만 부모가 만들어낸 가짜 아이가 되길 바라진 않았다. 6학년 담임선생님이 아이가 베르나르 베르베르의 《개미》를 읽는 모습이 신기하다고 이야기한 후로, 아이의 호기심을 유지시켜주는 것에 초점을 맞췄다. 그렇게 성장한 아이는 대학생이 되어 자기가 좋아하는 생명공학을 전공하며 앞으로 강점을 발휘할 시점을 준비하고 있다.

스스로 던지는 질문

••• 내 아이가 가장 오랜 시간 몰입하는 것은 무엇인가?

무서운 꿈을 꾸는 아이들

꿈속 세상은 현실에 없는 동경의 대상이기도 하지만, 겪고 싶지 않은 무서운 일도 일어난다. 아이들은 어른보다 꿈을 잘 꾸기 때문에 낮 동안 있었던 일로 인해 나쁜 꿈을 꾸기도 한다. 걱정이 많거나 몸이 아플 때는 더 자주 그렇다. 이럴 때 잠들기를 두려워한다면 잠들 때까지 곁에서 안정감을 주고 조명등으로 조절해주거나 애착물을 다시 소환해야 한다.

작은아이가 초등 1학년 때 집에 혼자 있는 시간에는 무섭다고 말했더니, 외할아버지는 단박에 몰티즈 강아지를 데려오셨다. 지금도 우리 곁에서 16년을 함께하고 있는 '몽쉘이'는 아이의 무서움을 잠재운 소중한 친구다.

큰아이는 동생이 태어나자 자기 방에서 자고 싶다고 했고, 작은 아이는 걸음마를 시작하고 말할 때가 되자 누나 방으로 가서 함께 잘 잤다. 그런데 언젠가부터 한밤중에 잠을 자다가 누군가 쳐다보는 게 느껴져서 눈을 뜨면 작은아이가 침대 옆에 베개를 들고 서 있었다. 누나와 작은 방에서 자다가 무서운 꿈을 꾸고 깨어난 모양이었다. 그래서 내 품에 안긴 채 다시 잠이 들 때가 많았다.

어릴 적 나도 겁이 많았다. 초등 2학년 즈음, 밤에 불을 끄면 죽을 것 같은 공포가 생겨서 형광등을 켠 채로 지냈던 시기가 있었다. 억지로 잠을 청해도 소용이 없었다. 그때마다 할머니가 토닥여주어 깜깜한 밤을 이겨낼 수 있었다. 아이가 밤에 괴성을 지르거나 울면서 달려오면 그 감정을 수용해주고 안정감으로 바꿔줘야 한다.

엄마는 "일찍 자라. 그래야 아침 일찍 일어나서 학교 가지"라고 하기 쉽다. 그 대신 아이가 상상하는 걸 꿈꿀 수 있도록 말해보자. 잠들기 전 5분 동안 뇌에 어떤 명령을 내려두는지에 따라 수면 시간을 효과적으로 활용할 수 있다고 나카이 다카요시는 말한다. 실제 매일 늦게 들어와 아이와 함께 있는 시간이 적다 보니 아이와 관계가 서먹해진 아빠가 아이가 잠들고 난 뒤 "아빠는 너를 사랑해"라고 말하며 꾸준히 이마를 쓰다듬어주었더니 관계가 친밀하게 바뀌었다고 한다.

부모가 아이에게 "꿈에서 만나자"라며 '자다가 깨어 울지 말고 내일 아침까지 푹 자고 학교 가자!'라는 메시지를 전하면 좋다. 잠이 살포시 찾아올 때 아이에게 사랑의 메시지를 전하는 것도 좋다. 그러면 아이의 무서운 꿈이 멈출 것이다.

✿ 스스로 던지는 질문

●●● 잠든 내 아이에게 전할 귓속말은?

버릇 없는 자녀와 공생하는 법

흔히 "아이를 보면 그 부모가 보인다"라고 한다. 아이에게서 부모의 말투와 행동이 무의식중에 엿보이기 때문이다. 아이가 바뀌길 바란다면 부모가 먼저 바뀌어야 한다는 말이다. 아이를 바꾸는 부드러운 힘은 다름아닌 부모의 습관이다. 가정마다 형편이 다르고, 삶에 대한 부모의 태도와 방식이 다르며, 부모가 되기 이전의 삶도 다양하다. 따라서 내 아이에게 맞춤형 부모가 되는 과정은 평생의 프로젝트다.

아이들이 졸업한 학교에서 초등학교 부모 교육을 연속해서 3년간 했다. 첫해는 '리더십 교육', 다음 해는 '성격의 이해', 3년 차는 '대화'에 관한 것이었다. 학생회장 어머니에게 강의를 의뢰받으며 "어떤 주제가 좋을까요?"라고 물었더니 "요즘 사춘기가 참 빨리 오나 봐요. 이제 5학년인데 말을 잘 안 하네요. 학교에서 다녀오면 방문 닫고 들어가기 바빠요"라며 고민을 말했다. 그래서 어떻게 하면 버릇 없는 자녀와 대화할 수 있을까 고민하기 시작했다. 대부분의 부모들이 사춘기를 맞이한 아이와 대화하고 소통하는 것을 어렵고 힘들어한다. 부모는 사춘기가 찾아온 자녀의 말투와 내용이 낯설고 절망적이라고 느낀다. 그러나 아이의 연령에 따라 부모의 양육 태도도 변해야 한다. 사춘기 때는 아이가 내적으로 안정감을 유지하고 외부의 변화에 적응할 수 있도록 부모가 인내해야 한다.

그래서 쉽지 않은 사춘기 아이와 부모가 어떤 생각으로 대화를 나누고 어떤 의도를 전달하고 싶어 하는지 '부모의 대화 인식 유형'을 알아보기 위한 연구를 진행했다. 그 결과 4가지 유형으로 나눌 수 있었다.

첫째, '영원한 지지자 응원형'이다. 이런 부모는 자녀에 대해 애정을 갖고 자녀를 지지하고 격려해주며 응원하는 특성을 보인다. 언제든지 이야기를 듣고 기다려준다.

둘째, '솔직한 반응자 권위형'이다. 부모의 권위는 지키되 대화는 상호적으로 나눈다는 원칙을 내세운다. 이런 부모는 자녀가 어긋난 행동을 하면 솔직하게 반응하고, 즉시 문제를 해결하려 한다. 부모를 무시하면 참지 않고, 부모의 권위와 위계질서를 지키는 것을 중요하게 여기며 대화를 중시하는 유형이다.

셋째, '무심한 방관자 솔로형'이다. 사춘기 자녀의 반응이 달라져도 무심하고, 본인은 어떤 변화도 취하려 하지 않는다. 아이와 애써 대화를 하려고 하지 않는다.

넷째, '다정한 조력자 혼합형'이다. 예의를 중요시하면서도 아이와 관계를 유지하고 싶어 한다. 애정 있는 행동과 태도를 보이며, 자녀가 공손하면 어떤 것이든 수용하면서도 대화는 얼굴을 맞대고 해야 한다는 원칙을 강조한다.

부모 자신도 사춘기 시절을 보냈지만 사춘기 아이를 이해하지는 못한다. 감당하기 쉽지 않지만, 자녀와 대화하려 노력하고 기다려야 한다. 아이 입장에서는 겉으로 투정을 부리면서도 마음속으로는 알면서도 스스로 조절하지 못할 뿐이다. 이때 부모는 아이의 실수를 알면서도 입 밖으로 표현하지 않고 나쁜 감정을 드러내지 않아야 한다. 시간이 흘러 아이가 성장한 후에는 그 시절에 부모가 보여준 태도를 긍정의 감정으로 기억한다. 아이의 삶을 지속시켜주는 원천은 이렇게 쌓인 부모와의 신뢰다.

아이가 힘겨워질 때 부모는 스스로의 모습을 비춰보아야 한다. 부모는 아이를 거울처럼 그대로 반영해주어야 한다. 영혼을 담아서 진정성 있게 수용해주는 것만으로도 아이들은 부모로부터 손상된 감정을 채울 수 있다.

아이: 몰라요.

부모: 그래, 잘 모를 수도 있어.

아이: 싫어요.

부모: 싫은가 보구나.

사춘기는 아이가 스스로 정체성을 찾아가는 시기이므로, 부모는 잠시 멈춰 서서 기다려줘야 한다. 참나무와 삼나무가 각기 다른 모양과 성질을 지닌 만큼 서로의 그늘에서 자랄 수 없듯이, 부모와 자식도 적당한 거리를 두고 지켜봐야 한다.

스스로 던지는 질문

●●● 내 자녀를 바꾸는 부드러운 힘은 무엇일까?

창의성은 가까운 곳에

부모는 아이가 어디로 튈지 모른다고 여긴다. 하지만 아이들에게 이런 독특함이 없이 순하고 평범하기만 하다면 그 또한 아쉽지는 않을까? 분명한 것은 아이들에게는 순수한 창의성이 존재한다는 것이다.

어느 날, 작은아이의 미술학원 선생님에게서 전화가 왔다. "어머니, 아이가 인형 바구니에 수건을 덮어서 강아지를 데리고 왔네요. 데려온 건 괜찮은데 강아지가 너무 작아서 위험해서요. 아셔야 할 거 같아 연락드렸습니다." 전화를 끊고 당황스러웠지만, 누나의 인형 바구니에 외할아버지에게 선물받은 강아지를 고이 감싸서 100미터 남짓 떨어진 학원에 가는 장면을 상상하니 웃음이 났다. 이유를 물었더니 "몽쉘이가 혼자서 집에 있으면 불쌍해서 그랬어"라고 했다. 상황에 대처할 수 있게끔 설명해주지 않은 내 탓이었다. 그래서 "네 생각은 기특한데, 학원은 몽쉘이도 힘들고 다른 친구도 불편할 수 있어"라고 설명해줬다.

창의성과 시간에 관한 실험은 참신한 아이디어를 떠올리는 데는 시간이 필요하다는 것을 보여준다. 교실에 있는 아이들에게 시곗바늘이 연상되는 이미지를 주고 10초 만에 그림을 완성하게 하면, 대개 아이들은 동그란 시계만 그렸다. 반대로 10분이라는 충분한 시간을 준다면, 아이들은 골똘히 생각한 후 여러 가지 색을 이용해서 자유롭게 표현했다. 꽃, 고양이 얼굴, 할아버지, 새, 나침반, 방패연, 과일, 나비 등 다양한 시계를 만들어낸 것이다. 즉, 창의성은 시간의 압박을 받으면 표현할 수 없다.

《몰입의 즐거움》으로 유명한 미하이 칙센트미하이는 몰입의 목적은 즐거움이 아니라 삶의 질을 끌어올리기 위해서라고 한다. 삶의 질을 끌어올리려면 목표를 가지고 있어야 한다. 몰입은 '목표, 집중, 즐거움'이라는 3가지 요인이 필요하다.

부모로서 아이를 키우면서 아이들이 어떤 것에 몰입하고 즐거워하는지 관찰하는 건 흥미로웠다. 큰아이는 어릴 적부터 책을 좋아했고, 학교 시험이 끝나면 서점에서 추리소설을 사 와서는 읽으며 스트레스를 풀었다. 고등학교 2학년 때는 해외로 봉사활동을 다녀왔는데, 그 과정에서 행복감을 느꼈다고 말했다.

한편 작은아이는 고등학교 때 동아리 활동에서 쥐를 해부하고 쥐의 심장을 찍어 왔다. 순간 놀라고 당황스러웠지만, 아이의 표정은 어느 때보다 홍미로워하고 자신감에 차 있었다.

아이의 엉뚱함에 대해 부모는 '그럴 수 있지'라며 공감하는 자세가 필요하다. 예를 들어, 아이가 그림일기를 그렸는데 엉뚱한 내용을 발견한 적이 있었다. 6월 6일에 쓴 일기였는데, 제목은 '조기 게양'이었다. 현충일에 태극기를 게양하는 대신 새끼줄에 생선 2마리가 대롱대롱 달려 있는 그림을 그려놓았다. 어처구니가 없었다. '선생님이 보시면 얼마나 황당할까?' 하는 생각이 들었다. 하지만 일기를 책상에 둔 채 잠든 아이의 모습은 평온했다. 이럴 때 '그럴 수 있지!'라고 받아들이는 여유를 가지면 된다.

지금의 시대를 살아가는 아이들은 다른 사람이 원하는 대로 살지 않는다. 자신이 진정 원하는 걸 찾고, 하고 싶어야만 하는 특징이 있다. 그러려면 성장 과정에서 좋아하는 분야를 찾아야 한다. 여러 가지를 경험하고 시도해서 자기의 취향을 알 필요가 있다. 좋아하는 것을 찾고 도전하면서 실패와 성공을 경험하고 점점 창의성과 융통성이 발현되고, 점점 매력적인 사람으로 성장한다. 물론 부모에게도 해야 할 숙제가 있다. 온전히 아이 스스로 깨닫도록 기다리는 것이다.

일마 전 작은아이가 흰색 바지를 고르더니 검정 양말과 흰색 양말 중에 무엇을 신을지 고민했다. "일단 신어봐. 그리고 어울리는 것으로 고르면 되지 않을까?"라고 조언하고 먼저 출근했다. 1시간

뒤 아이에게서 사진이 전송되었다. 아이가 선택한 방법은 각각 한 짝씩 신는 것이었다. 그래서 "와, 멋진걸!"이라고 답장을 보냈다.

아이의 창의성을 키워주고 인정하려면 부모는 마음을 비워야 한다. 공간 전문가는 책장을 정돈하는 팁으로 책을 빼곡히 꽂기보다는 어떤 칸은 여백을 두거나 가로로 눕혀서 꽂으라고 한다. 마찬가지로 부모가 마음의 공간을 과하게 채우면 오히려 마음이 정돈되지 않는다. 물리적 공간은 나름의 취향을 존중하여 비워주고 채워주면 되지만, 정서적 공간은 무엇을 비워내고 채워야 하는지 쉽지 않다. 부모들이 비우는 것보다 채우는 데 급급한 이유는 뭔가를 비워내는 것이 두렵기 때문이다. 그러므로 무엇을 먼저 비워내야 할지 스스로 질문해본다. 마음에도 총질량이 있다면 비워내는 것만큼 다른 것이 들어와 채워지기 때문에 아이에 대한 욕심을 비울 필요가 있다.

평생 '행복'을 강조한 존 스튜어트 밀은 "나는 욕망을 충족시키려고 애쓰기보다 그것을 제한함으로써 행복을 구하는 방법을 배웠다"라고 말했다. 그러므로 부모들의 욕구는 덜어내고 함께하는 행복을 채우는 연습을 해야 한다. 부모의 감정을 배우는 아이들에게 긍정이라는 좋은 감정은 최대화하고 부정의 감정은 최소화하는 방법을 가르치려면 욕구를 조절해야 한다.

스스로 던지는 질문

••• 아이의 엉뚱함이 발견된 순간이 있다면 언제인가? 그때 나는 어떻게 말했는가?

꼭꼭 숨겨진 마음 찾기

행복을 느끼는 한 명이 주위의 열 명을 행복하게 만든다. 「낙관적인 사람이 행복할까, 행복한 사람이 낙관적일까?」라는 서울대 행복연구센터의 연구에서는 낙관성을 행복의 원인이자 변인이라고 했다. 낙관성이 행복의 원인이 될 수는 있지만, 행복이 낙관성을 불러일으킬 수는 없다는 것이다. 그러므로 부모가 아이에 대해 낙관하면 좀 더 행복해질 수 있다는 뜻이기도 하다.

나는 리더십 교육을 받은 후 내 생각이 달라져야 한다고 깨달았다. 일상이 바뀌는 데 가장 큰 힘이 된 것이 긍정이었다. 한자로 옳이 여길 긍肯, 정할 정定 자를 쓴다. 긍에는 '즐기다, 들어주다'의 뜻도 있다. 찬찬히 들어주고 충분히 이해해서 '옳을 수 있겠다'고 여기는 것이 긍정이다. 하지만 말처럼 쉽게 바뀌지는 않는 것이 인간의 선입견 또는 고정관념이다. 그래서 긍정은 마음속에 깊이 감춰진 보물찾기일지 모른다. 부모가 아이 마음에서 긍정이라는 보물을 찾기 위해 얼마만큼 노력하느냐에 따라 아는 만큼 보이고 노력한 만큼 얻는다.

긍정적 의도를 아는 데 그칠 게 아니라, 생각과 행동이 변해야 한다. 인간의 성격을 머리형, 가슴형, 행동형으로 나누는데, 각자 행동하는 동기가 다르고 사고방식과 행동 양식이 다르다. 그러므로 다양성을 인정해야 한다. 나는 구구절절 가슴으로 깨닫는 사람인데, 남편과 아이들은 냉철하고 분석적인 머리형이다. 이를 몰랐을 때는 모든 문제의 원인을 그들에게로 돌렸지만, 이런 차이를 알고 나서는 본질적인 특성이라고 이해하려 애썼다. 그러므로 부모가 성격을 검사하고 본인을 아는 것은 육아에 도움이 된다. 타고난 성격적 강점에서 좋은 것은 아이에게 적용하고, 단점은 조심하며 변화를 모색해야 한다.

예를 들어 아이가 물을 엎질렀다고 하자. "네가 잘못했으니까 네가 치워!"라고 탓하는가 하면 "저리 가 있어. 엄마가 치울게"라거나 "그럴 줄 알았어"라며 타박하는 엄마가 있다. 그러나 아이가 무슨 생각을 하고 행동했는지 물어볼 필요가 있다.

너무 목이 말라서

혼자서 해보려고

빨리 먹고 놀이하려고

동생에게 가져다주려고

이런 아이를 야단치거나 훈계하는 것이 엎지른 물을 치워야 하기 때문에 귀찮아서인지 스스로 물어볼 필요가 있다. 아이의 마음을 읽는 데는 몇 초면 되는데, 해야 할 행동에 떠밀려서 실수하고 만다. 그러나 엄마는 매일같이 아이의 말과 행동을 이해해보려고 노력해야 한다.

《커다란 순무》라는 동화를 보면, 할아버지가 조그만 순무 씨를 땅에 심고는 말한다. "순무야, 순무야, 조그만 순무야, 달콤하게 자라렴. 순무야, 순무야, 조그만 순무야, 단단하게 자라렴." 순무 씨앗마다 열매의 크기는 다르다. 잎이 무성해서 기대하고 뽑았다가 실망하는 경우도 종종 있다. 마찬가지로 아이들도 저마다 타고난 성향과 기질이 다르다. 꼭꼭 숨은 긍정적 의도를 읽어내고 속마음을 언어로 읽어주면 아이는 지원군을 얻은 기분이 된다.

"오늘 체육 시간 운동장을 두 바퀴 뛰었어요."

→"끝까지 달리느라 힘들었겠네."

"친구들이 놀이터에서 놀자고 했는데 그냥 왔어요."

→"학원 시간 맞춰 오느라 그랬구나."

"친구가 자꾸 가방을 발로 차서 화가 나요."

→"그럴 만도 했겠네."

✿ 스스로 던지는 질문

••• 오늘 찾아낸 아이의 행동에서 긍정적 의도는 무엇인가?

보물지도 그려보기

한창 아이를 키울 때는 육아의 정답을 알려주는 지도가 있다면 비싼 값을 지불해서라도 구입하고 싶었다. 교육 전공자이지만 아이를 키우면서 새롭게 깨달은 게 너무 많았다.

잘하고 싶다는 마음을 짐처럼 등에 지고 다니다가 힘이 빠져 넘어질 때가 있는데, 그럴 때마다 조용히 책을 읽으며 다시 일어서려 노력했다. 《당신의 소중한 꿈을 이루는 보물지도》라는 모치즈키 도시타카의 책 제목에 이끌려 단숨에 읽었다. "저는 목표를 적어놓기만 한 사람과 그것을 반복해서 보는 사람 사이에는 그 차이가 더 크게 나타난다고 생각합니다. 그리고 10만 배 이상의 효과가 있는 이미지 중심의 보물지도를 만든다면, 또 이를 거듭해서 바라본다면 어떨까요?"

며칠 후, 큰 종이에 아이들과 함께 보물지도를 그렸다. 아이들은 큰 풍선을 타고 싶다는 꿈을 썼다. 꿈은 상상하는 자만이 꿀 수 있다. 하지만 상상만 해서는 안 된다. 이를 성취하려면 매일 성실하게 준비해야 했다. 꿈을 이루기 위해 우리는 저금통에 돈을 모으고 가고 싶은 나라를 정하며 계획을 세웠다. 그리고 거실 벽에 보물지도를 붙여놓고 눈에 담았다.

몇 년 뒤, 내가 이직하며 드디어 시간적 여유가 생겼다. 여행 장소는 그동안 꿈꿔왔던 열기구를 탈 수 있는 장소였다. 아이들과 함께 1시간 남짓 열기구를 탔는데, 여행에서 돌아와서도 계속 이야깃거리가 됐다.

보물지도를 그릴 때는 꿈과 목표를 메모지에 써 내려간 다음, 내용을 모아서 같은 종류로 구분한다. 가고 싶은 곳, 먹고 싶은 것, 해보고 싶은 것, 되고 싶은 것 등 기준은 다양할 수 있다. 존 고다드는 이루고 싶은 것을 평생 꿈꾸며 실천한 사람으로, 《꿈의 목록》에서 127개의 꿈을 작성하고 이뤄낸 이야기를 썼다. 할머니가 젊은 시절에 해보지 못한 일들을 아쉬워하는 것을 듣고, 인생 목표를 세우기 시작했다고 한다. 하나씩 늘어난 꿈은 현실이 되고, 그의 보물지도는 드디어 완성됐다.

깊은 바닷속 같은 세상에서 귀한 진주를 찾아 캐내는 아이를 기대한다. 아이와 함께 만드는 보물지도는 과연 어떤 모습이 될지, 원하는 것을 시각화하는 연습을 해보자. 글로 적고 그림으로 그리다 보면 어느새 꿈에 한발 다가서 있을 것이다.

남편은 자기검열을 통해 자기를 가두지 말라고 아이들에게 이야기하곤 한다. 누군가의 잣대에 자기를 맞추다 보면 영향력의 크기가 제한될 수 있다. 그러므로 겁내지 않고 준비하며 이뤄낸 보물지도는 의미가 있다.

보물지도를 작성할 때는 '진정 내 가슴이 뛰고 있는가?'를 놓치지 말아야 한다. 그리고 '다른 사람에게도 에너지를 줄 수 있는가?' 점검할 필요가 있다. 아이도 다른 사람도 행복하게 만드는 일을 찾기 바란다.

스스로 던지는 질문

●●● 아이와 함께 만들어갈 가족의 소망 목록 중 첫 번째는 무엇인가?

다시 눈 맞추기

행복한 순간을 떠올려보는데 선뜻 기억나지 않으면 쌓아놓은 행복을 찾아 쓸 수 없는 상태인지도 모른다. 아이를 키우면서 희비가 엇갈리곤 한다. 감당이 안 될 때는 아무리 부모라도 감정 조절이 어렵다. 이럴 때를 대비해 아이와 좋은 마음, 기쁜 마음, 행복한 순간을 많이 만들어놓아야 한다. 그리고 힘들 때 쌓아놓은 좋은 감정을 꺼내서 조절할 수 있는 마음의 공간이 필요하다.

학년이 올라갈수록 아이들은 고민이 많아진다. 부모는 그런 자녀를 보며 걱정이 쌓여간다. 하지만 어리석은 부모는 자녀를 자랑거리로 키우려 하지만, 지혜로운 부모는 자녀의 자랑거리가 되고자 노력한다는 말이 있다. 〈월스트리트저널〉에서는 '아메리칸드림'이라는 주제로 조사한 적이 있다. "진짜 성공이 무엇일까?"라는 질문에서 1위를 차지한 것은 부가 아니라 '존경받는 부모가 되는 것'이었다. 부모라면 가장 희망하는 인생의 목표가 아이로부터 존경받는 것이라는 뜻이다.

《엄마 반성문》의 저자는 아이들에게 "시키면 시키는 대로 해"라는 말을 거침없이 했다고 한다. 30분 이상 대화해본 적이 없고, 눈을 맞추며 칭찬해주지도 못했다. 그러나 부모 코칭을 배우고 일상에 적용하면서 말과 행동이 달라졌다. 아이가 부모에게 이끌려다니며 부모의 바람대로 살아가기를 바라지는 않을 것이다. 그보다는 자신의 일은 스스로 선택하고 책임지길 바란다.

미국 심리학자 캘러먼과 루이스는 남녀 48명이 2분 동안 눈만 바라보게 했다. 이 실험의 참가자들은 생전 처음 만난 사이였다. 실험을 마치고 난 뒤, "가까이에서 보니 그녀의 눈이 참 예쁘더군요"라거나 "눈을 마주치고 있으니 나도 모르게 설렜어요"라고 답했다.

아이와의 관계도 시선을 부드럽게 맞추는 것에서 형성된다. 소리 내어 웃으면 더 좋다. 말을 하지 못하는 아기 때는 눈을 자주 맞추고 바라보았다. 나중에는 혼자 몇 발자국 걷기만 해도 신기해하며 환호했다. 그런데 좀 컸다고 해서 아이에게 예전과 다른 시선을 보내고 있지 않은지 돌아보자.

초등 부모 교육 중 한 엄마가 "우리 아이가 4학년인데, 친구들과는 통화도 자주 하면서 저랑은 눈도 안 마주치고 밥 먹을 때만 얼굴을 보네요. 괜찮을까요?"라고 물었다. 아이가 언제부터 그렇다고 느꼈는지 질문하자 늘 바쁘게 지내서 잘 모르겠다고 답했다. "아이가 최근에 행복한 웃음을 지은 순간을 떠올려보세요. 언제였나요?"라고 묻자 엄마는 "어릴 적엔 잘 웃었는데 요즘 그런 표정을 본 적이 없네요"라더니 말을 잇지 못했다. 이런 경우가 적지 않을 것이다.

정신과 전문의 김현수의 《요즘 아이들 마음고생의 비밀》에서, 부모들에게 "우리는 왜 살까요?"라고 물어보면 "자식 때문에요"라고 답하지만 아이들이 느끼는 부모에 대한 이미지는 달랐다. "아이들은 부모들의 집착이 싫다고 합니다. 초등학교 3학년까지만 좋았고, 이미 초등학교 4학년부터는 조금씩 싫어져서, 중학교 때는 너무 싫고, 고등학교 때부터는 이제 부모들이 측은하다고 합니다." 이렇듯 부모는 아이의 속마음을 모르고, 아이는 부모의 진정성에 의심을 품는다.

이 책에는 또 하나의 깨달음을 주는 단어, '이생망'이 나온다. 아이들이 '이번 생은 망했다'고 느끼고 삶이 지루하고 귀찮다고 여긴다. 이는 어른들이 아이들에게 원하는 목표, 이 사회가 만들어놓은 성공의 법칙이 획일적이기 때문이다. 아이들 입에서 이런 말이 나올 만큼 무엇이 이토록 괴로운지 어른으로서 부끄러웠다. 아이들이 이런 상황일 때 부모는 긍정의 마음가짐으로 기다려야 하는데, 이때 '다행일기' 쓰는 것이 도움이 된다. 다행일기는 감정코칭 전문가 최성애 박사가 미시간공대에서 긍정적 사고 습관을 길들이기 위해 학생들에게 사용했던 방법이라고 한다. '불행 중 다행'이라는 말처럼, 사춘기가 막 시작된 자녀를 둔 부모는 다행을 시도하는 노력이 필요하다. 아이와 다시 눈 맞추고 힘겨운 시간을 견뎌보자. 그리고 "나는 두 아이의 엄마라서 다행이다", "나는 결코 잘하려는 엄마가 아니라서 다행이다", "나는 비록 덜 친절하지만 나쁜 엄마가 아니라서 다행이다"라는 식으로 다행일기를 써보자.

스스로 던지는 질문

●●● 만약 내가 부모 반성문을 쓴다면 첫 시작의 말은 무엇인가?

잘될 거야

서로 다름을 알고,

난 기다리는 엄마!

엄마의 품을 벗어나는

넌 떠나려는 아이!

우리 앞으로 괜찮을까?

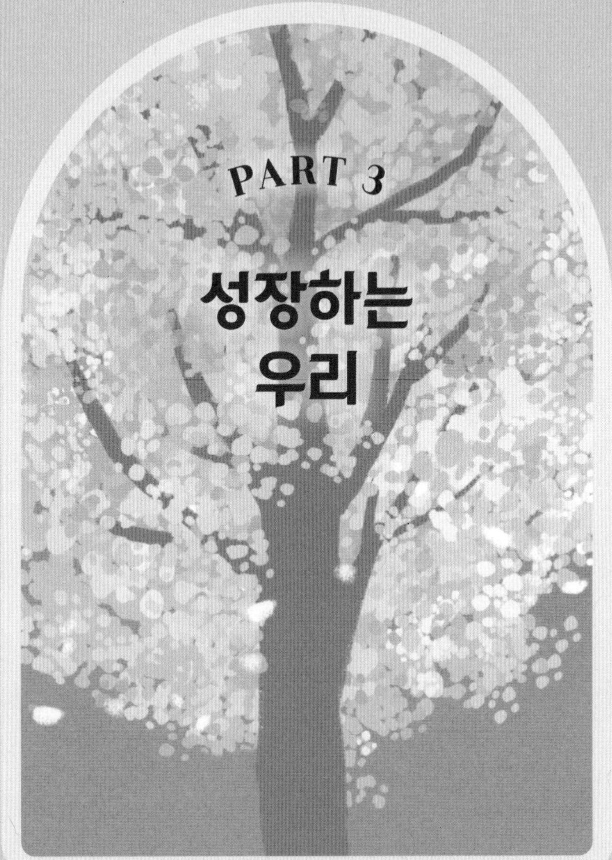

PART 3

성장하는 우리

회복탄력성을 위하여

아이를 키우면서 누구의 엄마, 아빠로 살아왔다. 부모 노릇이 익숙할 만도 한데 발달 시기마다 새롭게 느껴지는 건 아이러니하다. 청소년이 된 자녀는 가정에 머무는 시간보다 학교와 학원에서 지내는 시간이 많아진다. 엄마는 시간적 여유는 생기지만 의욕이 없어지고 과중한 피로가 몰려온다. 부모도 나이가 들어 신체적 변화를 맞기 때문이다. 정신적으로 무기력한 상태가 되기도 한다. 이때 필요한 것이 회복탄력성이다. 김주환 교수는 《회복탄력성》에서 '시련을 행운으로 바꾸는 마음 근력의 힘'이라고 소개한다. "회복탄력성은 반드시 성공해야겠다는 강력한 의지를 지닌 상태가 아니다. 오히려 실패에 대해 두려움을 느끼지 않는 상태다. 자기 자신에 대한 깊은 성찰을 통해 자신의 행동에 대한 뚜렷한 목적의식과 방향성을 지니되, 그 목적 달성 여부에 얽매이거나 전전긍긍하지 않는 삶의 태도가 회복탄력성이다."

부모로서 자녀를 성공적으로 키우겠다는 강력한 의지보다 중요한 게 있다. 두려워하지 않는 강인함이다. 순차적으로 발생된 문제를 경험하며 나아가다 보면 '칠전팔기의 오뚜기 같은 부모'로 우뚝 설 수 있다.

1950년대, 하와이 북쪽 끝 카우아이섬은 실업자와 알코올이나 마약에 중독된 사람이 많이 사는 피폐한 곳으로 범죄율이 높았다. 심리학자 에이미 워너는 카우아이섬의 아이들이 어떻게 범죄에 물드는지 종단 연구를 시작했다. 1954년, 그 섬에서 태어난 833명의 신생아를 전수조사하고 40년 동안 지속적으로 이들을 추적조사했다. 이 중 가장 열악한 환경에 있는 고위험군 201명에 대한 연구 결과는 놀라웠다. 그들 중 3분의 2는 폭력, 마약, 범죄에 노출되었지만 35퍼센트인 72명은 예외였다. 열악한 상황이었지만 학교에서 성적을 잘 받았으며 학생회장에 선출되기도 하고 미국 본토 대학의 장학생으로 입학하는 등 모범적으로 성장했다. 이런 '예외'가 발생한 이유가 '회복탄력성'이었다. 이들 72명에게는 공통적으로 자신을 믿어주고 지지해준 사람이 있었다. 그렇기에 그들은 열악한 상황에 굴하지 않고 잠재력을 발휘하여 성장의 기회로 삼았다. 이는 가족 중 한 사람 이상의 보살핌이 있었다는 뜻이다. 아이들은 자신을 지지해주는 사람을 통해 낙관, 감사, 사랑을 경험할 수 있었다.

이렇듯 영아기부터 충분한 애정으로 형성된 회복탄력성은 열악한 상황에서도 딛고 일어날 수 있게 만든다. 고무줄은 탄성이 있어서 잡아당기면 원래로 돌아가려는 성질이 있다. 이내 원상태로 복귀하는 아이들은 마음통장에 잔고가 많이 쌓인 것이다. 부모의 노력은 통장에 찍히고 아이의 마음속에 흔적이나마 남는다.

스스로 던지는 질문

●●● 회복탄력성을 다시 불러일으킬 수 있는 나만의 좋은 생각은?

역지사지인 것을

아이가 생기고 결혼한 지 몇 년쯤 지나면 부부는 새로운 국면을 맞는다. 서로의 관계에서 '이해가 되는 부분'과 '이해하고 싶지 않은 부분'이라는 상반된 감정이 생기는 것이다. 결혼 전 내가 알던 사람이 맞나 싶을 만큼 결혼 전과 후가 너무 달라지곤 한다. EBS '지식채널' 다큐에서 소와 호랑이의 사랑 이야기를 소개한 적이 있다. 소와 호랑이는 자기들의 사랑이 굳건하다고 믿고 결혼한다. 주위에서는 걱정스러운 눈초리로 바라본다. 신혼의 단꿈에 젖는 것도 잠시, 둘 사이에는 틈이 생기기 시작한다. 호랑이는 사랑하는 소에게 피가 흐르는 고기를 가져다준다. 답례로 소는 사기가 소중히 여기는 '싱그러운 풀'을 호랑이에게 전해준다. 식성에 맞지 않아도 처음에는 한두 번 시도하지만 이내 서로에게 불신과 불편함이 생긴다. 결국 둘은 헤어진다. 이렇듯 나의 관점과 프레임에서 상대방을 평가하고 추측해서 행동하면 문제가 생긴다.

부모는 자신의 프레임에 맞춰 아이의 인생을 미리 꿰어맞추고 있지는 않을까? 아이가 청소년기에 접어들면 알다가도 모르겠다는 느낌이 든다. 아이가 좋아하는 음식, 즐겨 입는 옷, 친한 친구 등을 물어도 잘 모른다. 아이는 "어쩜 그렇게 날 몰라요?"라며 부모를 탓하고, 부모는 "네가 평소에 말을 안 하잖아"라며 자식을 탓한다. 이때는 오히려 말을 줄이는 게 친밀함을 표현하는 수단이 된다. 예전에 중년의 여자 탤런트의 인터뷰가 떠오른다. "요즘 아드님과의 사이는 어떠세요?"라는 질문에 "꽤 괜찮아요. 고등학생이라 서로 얼굴 볼 시간이 없거든요"라며 웃었다.

'지피지기면 백전백승知彼知己百戰百勝'은 적을 알고 나를 알면 얼마를 싸우든 이길 수 있다는 말이다. 비슷한 말로 '지피지기 백전불태'라고도 한다. 적을 알고 나를 알면 백 번 싸워도 위태로울 게 없다는 의미다. 그러나 육아에 있어서만큼은 알고 있으니 이길 수 있다고 자부하는 게 더 위험하지 않을까? 그보다는 위태롭지 않은 관계를 유지하는 데 중점을 두어야 한다.

청소년 자녀가 혼자 집에 있을 때 여가 시간을 어떻게 보내는지 궁금하지만, 함부로 묻지 않는다. 아이를 존중하기도 하지만, 한편으로는 서로 상처받지 않기 위해서다. 게임을 하든 잠을 자든, 아이들이 선택한 것이다. 어떤 엄마는 집에 아이가 혼자 있을 때는 집에 들어갈 때 일부러 도어록을 아주 천천히 누른다고 한다. 아이와 서로 어색해질 만한 상황을 만들지 않기 위해서다. 특히 사춘기 아이가 성적 호기심을 가지고 있어서 야한 동영상을 보는 걸 발견했더라도 당황하지 않아야 한다. 그리고 적절한 시기에 성에 대한 이야기를 진지하게 나눌 필요가 있다.

부모는 '내 아이 대응 매뉴얼'을 만들어야 한다. 매뉴얼이 없으면 지나친 관심으로 아이를 가두기도 하고 부모의 생각을 강요할 수도 있기 때문이다.

학교 생활에서 친구 관계로 힘들어하던 아이에게 "부모님이 네 상황을 다 알고 계시니?"라고 물어봤더니, 아이는 "글쎄요, 알려고 안 하실걸요"라고 대답했다. "부모님께 얼마만큼 네 속마음을 보여 드리니?"라고 질문했더니 "부모님도 솔직하지 않은데 제가 왜요?"라고 되물었다. 이렇듯 '스스로 표현하는 아이'와 '부모가 바라보는 아이' 사이에 틈이 생기면 잘 모르는 부모로 남는다. 아이들은 관심없는 척 말했지만, 속으로는 '그래도 엄마가 나를 쳐다봤으면 좋겠어요', '나도 솔직하게 털어놓고 싶어요'라고 생각한다.

입장 바꾸기를 하려면 부모가 아이의 입장이 돼봐야 안다. 우선 아이의 시선으로 하루를 살아보자. 아침에 간신히 졸린 눈을 비비며 일어난다. 늦잠 자느라 아침도 못 먹고 학교로 향한다. 오후 하교 후 저녁을 먹는 둥 마는 둥 하곤 학원을 간다. 드디어 밤 10시가 넘어 지친 몸으로 집으로 들어온다. 집에 들어온 아이는 어떤 기분일까? 누구와 어떤 말을 나누고 싶을까? 그렇다면 부모는 아이를 따스한 눈빛으로 맞이하고 있는가? 관심을 표현하는 행동은 하고 있는가? 인격적 대화를 위해 노력하고 있는가? 스스로 잘하고 있는지 확인할 필요가 있다.

스스로 던지는 질문

••• 아이와 입장 바꾸기를 통해 무엇을 알고 싶은가?

이제는 기다릴게

독수리는 다른 조류에 비해 알을 적게 낳는데, 새끼를 엄하게 훈련을 시키며 살뜰히 보살피는 특성이 있다. 새끼 독수리들이 보금자리를 떠날 때가 되면 어미 독수리는 높은 벼랑에서 새끼들을 떨어뜨려 새끼 독수리들이 날갯짓을 하게끔 가르친다. 그렇다고 무턱대고 낭떠러지로 내모는 것이 아니라 벼랑 아래에서 새끼가 혹여 추락하거나 바위에 부딪히지 않는지 살핀다. 이렇게 새끼 독수리들은 어미로부터 나는 법을 배우고 익힌다.

부모는 아이를 가족이라는 둥지에서 보듬고 먹이면서 키운다. 그리고 어느 순간이 되면 세상으로 떠나보낼 준비를 한다. 부모도 어미 독수리처럼 내 아이가 잘 해내리라는 확신으로 견뎌야 한다. 청소년기 부모에게 "이제는 역할이 변해야 합니다. 아이라는 지구와 거리 두기를 해보세요. 인공위성이 되어 요청할 때 자료를 송신해 주시는 건 어떠세요?"라고 교육하곤 한다. 인공위성처럼 아이가 필요로 할 때 적절히 신호를 중개해주되, 아이에게서 한발 떨어져 지켜보는 것이다. 그러려면 아이가 당장 해결해야 하는 문제와 앞으로 닥칠 상황에 대해 아이의 능력을 믿고 기다려줄 수 있어야 한다.

이런 기다림은 아이가 진정한 자아를 찾는 날까지 계속된다. 진정한 사랑은 기다림으로 열매를 맺는다고 해도 과언이 아니다. 나의 시점이 아니라 상대의 관점을 지켜주는 것이 기다림이기 때문이다. 그러니 아이가 바라보고 생각하는 방향에 초점이 맞춰야 한다. 만약 부모 중심이라면 감정 조절이 실패해서 분노가 폭발하기도 하고 섣부른 판단으로 서로 상처를 주고받는다. 그래서 기다림은 긍정, 믿음, 인내, 사랑을 바탕으로 꾸준히 연습해야 한다.

전자레인지에 음식을 데울 때는 마지막 몇 초를 참는 게 어렵다. 빨리 먹고 싶은 생각에 결국 기계를 멈춘다. 하지만 시간을 채워야 음식은 따뜻하고 맛있다. 결국 다시 버튼을 누르게 되고 멈춘 시간은 더해지기 때문에 기다리는 시간만 늘어난다.

마찬가지로 계속 갈 것인지, 중도에 하차할 것인지 고민할 때가 있다. 부모로서 아이가 열정을 보이면 끓어오르는 그 시간만큼은 기다려줘야 한다. 어떤 아이는 냄비처럼 금방 끓어오르고, 어떤 아이는 무쇠솥처럼 끓어오르는 데 오래 걸리기도 한다.

성급한 부모와 느린 기질의 아이가 만나면 서로 답답함을 호소

한다. 아이에게 "너는 왜 빨리하지 못하니?"라고 다그친다. 하지만 아이도 마음처럼 되지 않아 힘들고, 부모는 조급해서 힘들다. 이런 아이들은 매사에 조심스럽고 환경에 적응하는 속도가 느리다. 이때 부모는 재촉하지 않아야 한다.

고등학생이 질문을 했다. "선생님, 자꾸 힘든 일이 생기는데 헤쳐나갈 방법을 모르겠어요!" 그래서 "내게도 그런 순간이 끊임없이 찾아왔단다. 다만 내가 나를 포기하지 않았고, 내 손을 잡아주는 누군가가 있었을 뿐이야"라고 대답해주었다. 아이들이 간혹 어려운 일을 당할 때 자기만 겪는 일이라고 슬퍼하고 우울해하며 회피한다. 부모는 아이가 일어설 수 있도록 때로는 잠시 쉬어 가는 안식처가 되어야 한다. 그리고 아이가 또다시 시작할 용기를 가지도록 기다려주면 된다.

스스로 던지는 질문

••• 내 아이의 성장을 기다리며 읊조리는 나만의 신호가 있다면?

무심코 시작한 감사일기의 행복

아이들이 청소년기에 접어들고 내 나이도 40대 중반에 들어서자 변화가 필요했다. 건조한 집안 분위기에 유머러스한 기운을 더하고 싶었다. 친한 분이 어느 날 진담 반, 농담 반으로 "우리 집은 리액션이 중요해"라고 말하던 게 생각났다. 그래서 우리 가족도 "리액션을 잘하자"를 가훈으로 정하고 함께 실천해보자고 제안했다. 남편은 원래 냉철하고 분석적인 성격인 데다 아이들이 성장하며 시간이 없다는 핑계로 대화가 줄고 애정 표현도 줄었다. 나는 갱년기에 접어들면서 외로웠다. 그래서 관계 지향적인 내가 사고 중심인 가족과 살기 위해 이런 가훈을 실천하기로 한 것이다.

그러면서 가족을 위해 감사일기를 쓰기로 했다. 매일 소소한 일상이지만 감사하는 습관을 키우기 위해서였다. 그래서 식탁 위에 일기를 놓아두고 함께 쓰자고 했다. “시간은 제한 없어. 어떤 내용이든 좋아.” 저녁을 먹은 후나 씻고 나서, 자기 전에 잠깐의 시간을 들여 썼다. 처음 시작할 때는 부담감이 있는지 서로 누가 뭐라고 쓰는지 눈치를 보기도 했다. 하지만 점점 사소한 것에도 감사하는 내용이 쓰이기 시작했다. 무심하던 남편도 어느 날 “퇴근하고 돌아와 아이들의 자는 모습을 볼 수 있음에 감사”라는 글을 남겼다. 큰아이는 “하루 종일 아무 사고 없이 집에 돌아와 감사”, 작은아이는 “맛있는 고기를 가족과 함께 먹어서 감사”, 나는 “이렇게 감사를 찾을 수 있는 시간이 감사”라고 쓰기도 했다. 이렇게 작지만 의미 있는 감사를 나누게 되었다.

매일 꾸준한 작은 실천으로 변화가 일어났다. “만약 당신 앞에 나타나는 모든 것을 감사히 여긴다면 당신의 세계가 완전히 변할 것이다”라는 오프라 윈프리의 말처럼 말이다.

감사는 행복을 낳는다. 그리고 행복을 느끼는 한 사람의 영향력은 생각보다 커서 열 사람을 행복하게 만드는 효과가 있다. 엄마가 행복하면 온 가족이 행복해진다는 말이다. 〈낙관적인 사람이 행복할까, 행복한 사람이 낙관적일까?〉라는 서울대 행복연구센터의 연구에서는 낙관성을 행복의 원인이라고 여긴다. 다만 행복이 먼저인가, 낙관성이 먼저인가의 문제다. 행복이 다양한 삶의 영역에 미치는 효과를 고려할 때, 행복이 낙관성의 원인일 수도 있다. 한편 낙관성이 그 이후의 행복을 예측하기도 한다. 그러나 행복은 이후의 낙관성을 예측하지는 못하는 것으로 나타났다. 즉, 낙관성이 행복의 원인이 될 수는 있지만, 행복이 낙관성의 원인은 될 수 없다는 걸 밝혀낸 것이다. 그러므로 부모가 아이에 대해 낙관적으로 바라보면 행복해질 수 있다. 그리고 아이를 좋게 바라보면 아이는 바뀐다.

스스로 던지는 질문

●●● 오늘 하루의 감사 3가지를 찾아본다면?

인성은 꼭 챙기기를

"세 살 버릇 여든까지 간다"는 부모가 자녀의 인성과 관련된 올바른 습관을 중요하게 여겨야 한다는 뜻이다. 인성은 아이가 자라나며 꼭 갖춰야 할 덕목이며, 삶을 지탱해주는 디딤돌이 된다. 성장 과정에서 한번 굳어진 습관은 성인이 되면 바꾸기 어렵다. 작은 행동이 모이고 모여서 철사가 쇠줄로 여러 겹 엮이듯 어느새 반복적으로 만들어진다.

어릴 때부터 사슬에 묶여 말뚝에 매여 자란 코끼리는 성장한 후에 도망가려 하지 않는다. 어릴 적에 일찌감치 포기했기 때문이다. 내 몸에서 함께 성장한 습관은 나를 지배한다. 한번 길들여진 것은 떼어내기도 힘들고 쉽사리 바뀌지도 않는다.

아이들을 여름방학에 '영리더십캠프'에 참여하게 했는데, 2박 3일의 캠프를 마치고 난 후 무엇이 가장 기억에 남는지 물었더니 리더는 성품과 능력이 둘 다 있어야 한다는 선생님의 말씀이라고 했다. 리더십은 목표를 세우고 의미 있는 노력을 해서 이룬 성공 경험이라는 걸 배운 듯했다.

그래서 성품은 충분히 갖췄는데 능력이 부족해서 성과가 없는 사람을 보면 안타깝다. 훌륭한 리더는 신뢰할 만한 멋진 성품뿐 아니라 능력까지 지닌 사람이다. 한편 능력은 있으나 성품이 의심스러워 오래 관계를 맺을 수 없는 사람도 있다.

청소년기에 접어든 아이들은 인성보다는 학업이라는 과업에 더 집중한다. 영유아기에는 인성교육에 신경 쓰다가 학교에 다닐 때부터는 어디론가 사라진 느낌이다. 대중매체를 통해 충격적인 사건과 사고를 접하면 '저런 사람은 도대체 왜 저런 일을 벌이는 거야?' 의아한 생각이 들곤 한다. 그런 사람은 영유아기와 중고등학교 시절을 들여다보아야 한다.

작은아이가 중학교 2학년 때 담임선생님이 출산으로 육아휴직 후 복직했는데, 학기 말에 담임선생님이 아이에게 엽서를 전해주셨다.

"너는 정말 힘든 올 한 해 나에게 빛과 같은 존재였어. 얼마나 고마워하고 너를 소중하게 생각했는지. 이렇게 착하고 밝고 바르게 키워주신 부모님께 감사했는지 몰라. 얼굴은 뵙지 못했지만 대단히 좋은 분들임에

틀림없을 거야, 그치? 올 한 해 시끌시끌한 우리 반에서 고생 많았어. 네가 가진 능력을, 더욱 밝은 모습을 마음껏 보여주지 못할까 봐 늘 걱정했단다. 잘 지내줘서 고마워. 3학년이 돼서도 너는 새 학년 담임선생님의 자랑이자 빛이 되리라고 믿는다. 많이 의존하고 네 얼굴 보면서 힘을 얻었단다. 자신 있고 당당하게, 밝게 학교 생활 잘하거라. 만나면 반갑게 인사해주고 교무실 놀러 와. 사랑한다."

뭉클했다. 혼자서 말없이 부담감으로 힘들었을 아이가 떠오르며 잘 견뎌준 것에 감사했다. '우리 아들도 힘들었구나. 그럼에도 네 안에 숨겨진 씨앗을 찾아주신 선생님이 계셔서 참 감사하단다. 한 해 동안 수고했어!'

스스로 던지는 질문

●●● 내 아이가 보여주는 인성의 요소는 무엇인가?

너를 마음에 새기는 마법

시간이 지날수록 아이와는 평행선을 지킬 필요가 있다는 생각이 든다. 평행선은 겹쳐지지 않되, 너무 떨어지지 않도록 일정한 간격을 유지해야 한다. 자녀는 부모와 마음이 같을 수 없고, 부모는 자녀를 완벽히 이해할 수 없다. 따라서 간격을 유지하며 인정하고 존중해야 한다.

숲속 나무는 대개 햇빛을 많이 받기 위해 수관樹冠을 주변 나무보다 더 높고 넓게 형성한다. 한정된 공간에서 수관을 넓히다 보면 옆에 있는 나무와 겹치기 때문이다. 잎이 겹쳐지면 광합성을 하는 데 어려움이 생겨 서로 피해준다. 이런 '수관 기피Crown Shyness 현상'은 나무들 윗부분이 서로 닿지 않고 일정 공간을 남겨둬 나무 아래까지 충분히 햇볕을 받아 함께 자라는 것을 말한다. 부모와 자식 간에도 이런 공간이 필요하다.

부모 교육에서 한 할머니를 만났다. “손주 잘 키우려고 오셨나봐요”라며 말을 걸었더니, 할머니는 의외의 대답을 했다. “딸이 하나 있는데 1부터 100까지 다 해주면서 키웠더니 나중에 힘들었거든요. 요새 손주를 낮에 봐주는데, 똑같은 실수를 하지 않기 위해 교육받으러 다녀요.” 함께 듣던 엄마들이 할머니를 향해 박수를 쳤다. 외동딸을 키우며 저지른 실수를 인정한 할머니가 위대해 보였고, 같은 실수를 반복하지 않으려는 노련미가 빛났다.

품 안에 자식이라는 속담처럼, 청소년기가 되면 부모의 품은 아이를 감싸기에 부족해진다. 생각이 자라고 몸이 성장하기 때문이다. 부모는 아이가 부담스럽게 느끼지 않을 정도의 조력자 역할이면 충분하다.

아이가 성장할수록 물리적 거리를 두다 보면 마음이 멀어질까 두려울 때가 있다. 그래서 아이를 마음에 새기는 방법을 찾았다. 아이의 생일은 나를 엄마로 만들어준 의미 있는 날이라, 딸아이의 생일을 아파트 현관의 비밀번호로 설정한 것이다. 퇴근 후 집에 들어올 때마다 아이를 생각하며 비번을 누른다. 한편 아들의 생일은 노트북 암호로 설정해서 전원을 켤 때마다 아들을 떠올린다. 이렇듯 청소년기에 물리적 거리는 두어야 하지만 마음의 거리는 멀어시지 않게 끈을 단단히 잡아두어야 한다.

✿ 스스로 던지는 질문

••• 보물상자에 비밀번호가 있다면 무엇으로 설정하겠는가?

조율사가 된 부모

학창 시절에는 누구나 한 번쯤 일탈을 꿈꾼다. 하지만 부모로서 아이가 그러면 이야기가 달라진다. 부모는 아이가 잘되기를 바라는 마음이고, 아이는 알아서 잘할 테니 내버려두길 바랄 뿐이다.

프랑스 부모는 엄격하게 아이를 키우지만, 큰 틀에서 아이에게 선택권을 준다. 다시 말해 개성은 존중하며 허용하지만, 스스로 할 수 있는 일을 하게끔 만든다. 예를 들어, 남자아이가 허리까지 머리를 기르는 것은 맘대로 선택할 수 있다. 남의 시선은 중요하지 않다. 하지만 음식을 먹고 식기를 치우고 음식물쓰레기를 분리수거하지 않는 것은 용납되지 않는다. 자신의 행동에 책임져야 하기 때문이다.

평소와 다름없이 딸이 집을 나가는 모습을 보고 나도 출근하려고 차를 몰고 가는데 아이가 지나갔다. 그런데 집을 나설 때와 같은 복장이 아니었다. 집에서 본 적이 없는 아주 짧은 교복 치마를 입고 있었다. 그날 저녁 아이가 귀가하자 오늘 아침 상황에 대해 캐물었다. 나로서는 하루 종일 참았기에 질문을 쏟아부었다. 중학교 2학년이었으니 한창 외모에 관심이 생길 때였다. 알고 있으면서도 몰아붙이니까 아이는 거짓말을 하거나 입을 다문다. 부모들은 아이들에게 진실을 말하라고 다그치고 어떻게든 대답을 들으려 한다. 하지만 그렇게 얻어낸 대답이 만족스러울 리 없다. 아이의 속마음을 듣고 싶다면 말로 몰아붙이기보다는 다른 방법을 써야 한다.

작은아이도 중학교 2학년에 아빠와 따로 이야기를 나누는데, 아빠의 목소리만 들렸다. 왜 아빠와 말할 때 듣고만 있는지 물었더니, "아빠랑 말하면 길어지잖아"라고 대답했다. 아빠의 말에 대답하거나 이의를 제기하면 다시 아빠의 훈계가 시작되니 말을 하지 않는 것이었다. 이렇듯 부모는 아이의 속마음을 모를 때가 많다. 상황이 닥치면 답답한 마음에 빨리 해결하고 싶겠지만 초조해한다고 해결되지는 않는다.

세계적인 피아니스트 조성진이 극찬한 조율사 이종열 선생은 64년의 경력을 자랑한다. 아무리 좋은 피아노라도 조율을 잘못하면 멋진 소리는 나지 않는다. 조율을 할 때는 튜닝해머라는 도구가 필요한데, 초보 조율사는 힘이 들어가서 강하게 돌리는 바람에 다시 푸는 데 시간이 걸린다. 적절한 힘을 주는 것은 경험을 통해 얻은 노하우라 거저 얻을 수 없으며, 실제로 경험하는 것이 최고의 선생님이라고 이종열 선생은 말한다.

조율은 무대를 준비하는 과정에 미리 이뤄지듯이, 부모는 아이 인생의 막이 열리기 전까지 아이가 제대로 소리를 내도록 지원하는 역할에 초점을 두고 조율하는 방법을 터득해야 한다.

✿ 스스로 던지는 질문

●●● 아이와 조율하고 싶은 것은 무엇인가?

그럼에도 불구하고

고등학생 자녀를 둔 부모에게 필요한 건 인내다. 아이가 원하는 것이 무엇인지 안다면 도움을 줄 수도 있지만, 대신해줄 수 있는 것은 없다. “힘들지?”라고 물어도 단답형으로 대답하면 다음에 할 말이 없다. 그저 아이가 흔들릴 때 버팀목이 되어 쓰러지지 않게 지탱해줄 뿐이다.

아이가 학교에서 돌아와 가방을 내려놓는 소리만 들어도 학교에서 뭔가 안 좋은 일이 있었는지 부모는 이미 알 수 있다. 부모의 민감성이 발휘되는 순간이다. 상황마다 대처 방법은 다르지만, 티를 내지 않아야 한다. 아이에게 시간이 필요한 것을 알고, 아무 말 없이 기다려주는 게 현명한 부모다. 사랑은 시간을 기꺼이 내주는 것이다.

아이가 고3일 때 1년 동안 지킨 가족 규칙이 있다. 첫 번째, 아침은 한 숟가락이라도 먹인다. 두 번째, 아이가 밤에 귀가하면 아빠, 엄마가 잠자지 않고 문 앞에서 맞이한다. 보너스로 강아지도 달려 나간다. 이 두 가지는 아이들에 대한 부모로서의 예우였다. 가끔 미리 잠들거나 하면 아이는 안 보이는 부모의 모습을 궁금해했다. 아이도 불안한 시기에는 역시 부모에게 기댄다.

부모도 어디까지 참을 수 있는지, 자신의 육아 능력을 시험받는 위기가 온다. 어느 토요일 오후, 작은아이가 다니는 독서실에서 문자가 왔다. 점심시간이 끝났는데 돌아오지 않았다는 내용이었다. 놀란 마음에 아이에게 전화하고 문자를 보냈지만, 신호는 가는데 전화를 받지 않고 문자엔 답이 없었다. 2시간 넘게 연락이 되지 않으니 불안했다. 밖에 있는 남편에게 전화하고 친구들에게 연락해도 아이의 행방을 알 수 없었다. 잠시 후 아이에게 전화가 왔다. 아이의 이름이 뜨는 순간, 그저 "다행이다!" 하는 마음에 고마운 한숨이 나왔다. 이유를 묻지 않자, 아이가 먼저 자연스럽게 이유를 말했다. "사실 너무 답답해서 탄천에서 자전거 타고 왔어." 초조했던 시간의 이유는 단순했다. "그랬구나. 많이 걱정했어"라며 감정은 누르고 기분만 전했다. 부모가 힘든 이유를 찾으면 100개가 넘는다. 반대로 부모로서 행복한 이유를 찾아도 100개가 넘는다. 이렇게 쉬운 진리를 놓칠 때가 있다.

심리학 용어 중 '거울 효과'라는 말이 있다. 거울에 비추어 보듯 상대의 모습을 자연스럽게 따라 하는 것을 말한다. 아이가 화내는 모습에서 부모가 보이는 것은 그런 이유다. 아무리 힘든 상황이라도 나를 엄마라고 불러주는 아이가 있어 모든 게 괜찮을 거라 믿는다.

✿ 스스로 던지는 질문

●●● 육아는 힘들지만 그럼에도 불구하고 나에게 기쁨을 주는 한 가지는?

가족이 함께하는 취미 생활

가족이라는 울타리는 따스함을 위해 존재한다. 밤늦게 아이들이 귀가하지 않을 때 문자를 썼다고 해서 바로 보내지 않는다. 감정이 언어에 고스란히 실리면 오해가 생기기 마련이다. "지금 몇 시인데 안 들어오니?"라고 썼다가 지우고 "지금 어디까지 왔니?"라고 다시 고쳐 보낸다. 불안한 마음을 들키고 싶지 않다. 아이와 관계가 좋아야 아이는 관심사를 공유하고 함께하고 싶어지기 때문이다.

소설가 워싱턴 어빙은 "아이가 집을 따뜻한 곳으로 알지 못한다면 그것은 부모의 잘못이며 부모로서 부족함이 있는 것이다"라고 했다. 가족의 응집력은 같은 시공간에서 같은 취미를 가질 때 배가 된다.

아이들이 중고등학생일 때, 우리 가족의 암묵적 규칙은 한 달에 두 번은 금요일 밤에 영화 한 편을 함께 보는 것이었다. 주말을 맞이하기 전 함께하는 유일한 시간을 어떻게 보낼지 가족회의를 한 끝에 영화 보기를 선정했다. 아빠와 아이들이 영화를 고르고 나는 간식을 준비했다. 나는 영화를 제대로 본 적이 없었다. 제목이 나오고 내용이 한참 무르익을 즈음에 잠이 들었다가 마지막 장면에서 눈이 떠졌다. 늘 잠드는 것을 알면서도 아이들은 나를 빼놓지 않았다.

아동복지학부 학생들에게 청소년복지론을 가르치는 시간에 고등학교 시절에 언제 스트레스가 해소되었는지 질문했다. 첫째는 친구들과 함께한 시간이었고, 둘째는 가족과 함께 여행이나 취미 생활을 한 것이었다고 말했다.

그런데 한 학생은 아빠가 토요일 저녁은 꼭 함께 외식해야 한다고 해서 부담스러웠다고 말했다. 시험이 끝나도 친구들과 놀지 못하고 가족과 식사하는 게 그 당시에는 짜증나서 반항했지만, 대학생이 되고 보니 그렇게라도 시간을 함께 보낸 게 다행이라고 느낀다고 했다.

작은아이는 중학교, 큰아이는 고등학교 졸업 기념으로 유럽으로 자유여행을 갔다. 유럽 여행은 즐거움 반, 사서 고생 반이었다. 돌아온 후, 유명한 곳을 관람한 기억보다 비행기를 타고 지하철역을 헤매고 다닌 게 아이들도, 나도 기억에 많이 남았다. 결속력이 생겼고 추억이 남았다.

공휴일엔 카페에서 아이들과 책을 읽곤 한다. 아이들은 과제를 하고, 남편은 뉴스를 검색하고, 나는 노트북을 켜서 강의를 준비한다. 대화를 나누지 않아도 같은 공간에서 시간을 보내는 것이 좋다. 그리고 돌아오는 길에 "10년 뒤쯤 엄마가 같이 놀자고 하면 함께 놀아줄 거지?"라고 슬쩍 물으면, 아이는 "당연하지"라고 대답한다. 진심이 담기지 않아도 괜찮다. 지금 듣고 싶은 말을 해준 것만으로 만족한다.

가족이라는 소중한 인연은 존재만으로 힘이 되며 삶을 지속하게 하는 힘의 근원이 된다. 가족은 한 사람만 노력해서는 안 된다. 모두 서로에게 최소한의 에티켓을 지켜야 한다. 청소년기 아이는 가족이 참 소중하다는 것을 미처 깨닫지 못한다. 나이가 들어 후회해도 어쩔 수 없다. 지나봐야 그때가 소중한 걸 안다.

스스로 던지는 질문

●●● 가족이 함께할 수 있는 놀이를 정한다면 무엇이 있을까?

부모의 속마음,
괜찮아!

부모는 자녀가 영아기 때는 그렇지 않지만, 청소년기에 접어들면 팩트 폭력을 서슴없이 하는 경우가 많다. 어릴 때는 건강하기만 하면 된다고 하다가, 성장하면 욕심이 커지면서 마음과 행동이 달라진다.

부모의 기준과 잣대는 점점 높아진다. 하나의 담장을 넘으면 바로 다음 단계를 준비시킨다. 한자 급수 시험이나 영어 능력 시험을 통과하면 "와! 한 번에 통과했어. 잘했어"라고 말한다. 문제는 '한 번에'라는 말이 다음 시험에 대한 부담감을 준다는 사실이다.

축구 선수를 꿈꾸며 초등학교부터 시작해 고등학교 2학년까지 운동만 하던 아이가 있다. 어려서부터 가족과 떨어져 숙소에서 지냈다. 주말에 아이가 집에 오면 엄마는 장을 봐서 따스한 밥을 지어

먹였다. 경기가 있는 날이면 어디든지 달려가 아이를 응원했다. 그만큼 부모도 아이도 최선을 다해 노력했다. 이렇게 축구에만 전념하던 아이가 어느 날 중대한 발언을 했다. 고 3이 되더니 운동을 그만두고 공무원에 도전하고 싶다고 말한 것이다. 부모는 "네가 고민하고 내린 선택이면 해봐!"라고 응원해주었다. 아이도, 부모도 쉽지 않은 결정이었다.

자녀를 키우며 결과가 중요하지 않다고 단언할 수도 없고 수능이 인생의 전부라고는 말하고 싶지도 않지만, 고 3은 어김없이 다가온다. 수능 시험일, 부모라면 누구보다 긴장되고 하루 종일 떨린다. 큰아이 수능 날, 시험 장소에 데려다주고 교문 앞에서 헤어지는데 "엄마 갔다 올게" 하며 들어가는 아이의 뒷모습을 보면서 하염없이 흐르는 눈물을 훔쳤다. 아이 대신 너무 떨려서도, 시험 못 볼까봐 걱정돼서도 아니었다. 이날을 위해 12년간 달려온 아이가 너무 기특하고, 긴 시간 있었던 온갖 일을 떠올리며 다양한 감정이 밀려왔기 때문이다.

TV 광고 중 '가족의 집 모녀편' 문구가 인상적이었다. 늦은 밤 고 3 딸을 학원 앞에서 기다리다 차에 태운 엄마. 자동차 안에서 내레이션이 흘러나온다.

"친구랑 놀아도 괜찮아.

성적 떨어져도 괜찮아.

학원, 빼먹어도 괜찮아.

실은 이런 말을 하는 엄마가 되고 싶었어."

이것이 엄마의 진짜 속마음이란다.

모든 엄마가 같은 마음이다. "조급하지 않아도 되고, 있는 그대로 봐주면 되는데 오늘도 그러지 못해서 미안해. 그래서 엄마는 오늘도 널 위해 기도한단다." 부모의 땀방울은 어느새 눈물이 된다. 아이를 신뢰하는 동시에 사랑하기 때문이다.

✿ 스스로 던지는 질문

●●● 아이를 위해 울면서 간절히 무엇을 바라던 순간은 언제인가?

충분할 거야

부모의 삶을 버텨내는

난 살아가는 엄마!

꿈을 향해 한층 다가선

넌 살아내는 아이!

우리 이대로 좋을까?

PART 4

따로, 또 같이 사는 우리

어떤 엄마로 기억될 것인가?

아이가 대학에 들어가면 취미 생활도 하고 나만의 시간을 보내고 싶은 소박한 꿈이 있었다. 그래서 작은아이가 고 3 때 내년부터는 운동도 배우고, 여행도 가고, 하고 싶은 게 많다고 남편에게 말했다. 막상 아이가 대학에 가니 또 다른 걱정거리들이 기다리고 있었다. 어른들이 "죽어야 끝나는 거야"라고 말씀하셨듯이, 부모의 일은 끝이 없다.

내 인생의 첫 등반은 한겨울에 한라산 정상에 오른 것이었다. 1박 2일로 무작정 비행기표를 예매하고 남편과 지인 부부와 함께 아침 첫 비행기로 제주로 향했다. 하필이면 그날은 제주에 첫눈 오는 바람에 등반은 금지였다. 다음 날 다행히 가능해져서 진달래밭 대피소에 11시까지 가야 했다. 일행이 나로 인해 시간을 못 맞출까 봐 힘들어도 내색하지 않고 올라갔다. 대피소에서 잠시 목을 축이는데 정상에서 1시 30분에는 하산해야 한다는 방송을 듣고 다시 출발했다. 중도하차는 내 사전에 없었다. 그런데 코앞에 고지가 보이니 그때부터 다리가 안 움직였다. 같이 간 지인과 남편이 없었으면 그 자리에 주저앉아 포기했을지도 몰랐다. 무거운 몸으로 백록담에 서자 성취감이 느껴졌다.

부모 역할도 산을 등반하는 것처럼 목표를 향해 올라가다 보면 어딘가 정점에 다다르는 것이 아닐까 착각했다. 아이가 성인이 되면 뭔가 완성했다는 안도감이 들지 않을까 착각했다. 그런데 성인이 된 아이는 부모에게서 독립하려 애를 쓰지만, 부모는 또 다른 걱정으로 다음을 준비한다.

고등학교 졸업 후 공부 때문에 외국에 큰아이를 보냈다. 그때부터 〈요게벳의 노래〉는 내 기도가 되었다. 요게벳은 아기를 살리기 위해 아직 갓난아기인 모세를 갈대 상자에 넣어 나일강에 띄워 보내야 했던 성경 속 인물이다. 마침 대학원 박사 과정 수업 중 "아이가 당신을 어떤 어머니로 기억할까?"를 과제로 받아 멀리 있는 딸에게 문자를 보냈다. "너에게 난 어떤 엄마야?" 그랬더니 아이가 장문의 답을 보냈다.

갑자기 말하려니 뭐라 써도 내 생각이 다 표현될 거 같진 않군.

현정 씨가 환경의 도움 없이 이 자리까지 올라온 게 난 제일 존경스러워.

내가 중학교 때부터 아빠랑은 다투면서 엄마랑은 그러지 못했지.

어렸을 때는 엄마가 무서워서 자꾸 거짓말하게 되고 그랬는데, 사실 커서는 엄마가 무서워서라기보단 내가 나쁘게 말하면 엄마한테는 너무 큰 상처가 될 거 같아서였어.

나는 지금도 '엄마처럼 내 커리어를 갖고 당당한 여성이 되어야지'라는 생각을 항상 해.

나한테 엄마는 쇼핑도 같이 하고 놀러 다닐 땐 친구 같지만, 사회적으로는 내 자랑이 될 만큼 멋진 느낌이랄까? 그리고 엄마는 내 의견을 존중해주지.

공부에 필요한 만큼 다 지원해줘서 항상 감사하고. 나를 믿는다는 거겠지? 솔직히 유학 생활하기 전엔 크게 몰랐는데 고등학교 때까지 엄마, 아빠 덕분에 행복하게 산 거였더라고. 다시 한번 크게 느끼고 있어.

사랑해, 엄마! 그리고 아직 자랑이 될 만한 딸은 못 되는 거 같지만 노력할게.

엄마 딸이

아이의 문자를 읽으며 먹먹한 마음에 눈에서는 눈물이 흘러내렸고 가슴은 뜨거워졌다. 지금도 생각하면 마음이 뭉클하다. 딸이 내 이름을 불러주고 아이의 마음 한 자락을 내준 게 고마웠다.

스스로 던지는 질문

●●● 당신은 어떤 부모로 자녀에게 기억되고 싶은가?

당당한 너를 상상해

모소대나무는 4년을 가꾸어도 3센티미터밖에 자라지 못한다고 한다. 하지만 애정으로 꾸준히 돌보면 5년째에는 어느 날 갑자기 하루에 30센티미터 이상 자라기 시작하고, 6주 만에 15미터 높이의 울창한 대나무 숲을 이룬다. 인간의 마음 성장 과정도 마찬가지다. 부모가 아이를 포기하지 않고 시간이 걸리더라도 차곡차곡 신뢰를 쌓으면 아이도 어느 순간 그렇게 자란다.

아이들의 내재적 동기가 서서히 성장하여 외적으로 열매 맺기까지 그리 순탄하지만은 않다. 얼마나 많은 비바람을 견뎌내느냐에 따라 성장 속도가 다르게 나타난다. 하지만 부모나 아이가 풍파를 맞이하는 것은 미리 예견되어 있지 않기 때문에 얼마나 순발력 있게 적응하는지가 중요하다.

일본인들은 잉어를 많이 키우는데, 이를 어항에서 키우면 5~8센티미터밖에 자라지 않지만, 수족관에서 키우면 15~25센티미터는 자란다. 그리고 강물에 방류하면 90~120센티미터나 된다. 이렇듯 사는 곳이나 처한 환경에 따라 달라진다. 아이도 마찬가지여서, 가정의 내적, 외적 환경에 따라 아이는 피라미가 되기도 하고 마음껏 성장하는 대어가 될 수도 있다.

지금은 명문대 중 한 곳이지만 시카고대학은 처음부터 잘나가는 대학은 아니었다. 1929년 5대 총장이었던 로버트 허킨스가 삼류대학에서 일류 대학으로 만드는 비결을 제안한 덕분이었다. 그는 졸업하기 전에 인문학 고전 100권을 반드시 읽게끔 했다. 그 결과, 시카고대학은 세계에서 노벨상 수상자를 많이 배출한 대학이라는 수식어가 붙을 정도로 명성이 높다. 학생들은 양질의 책 100권을 읽으며 롤모델을 찾아 가치를 발견하고 자신의 꿈과 비전을 찾는다.

시대가 급변하면서 스마트러닝이 주를 이루고 가상의 공간에서 빠른 변화가 일어나면서 비대면이 일상적으로 가능해졌다. 처음 영상 강의를 녹화할 때는 어려웠는데 이제는 시스템이 구축되어 온라인으로 쌍방향 수업이 가능해졌다. 예측이 어려울 정도로 빠른 변화의 시대에는 민감하게 적응해야 살아남는다. 할아버지, 할머니도 다양한 매체를 이용해 자식과 연락할 만큼 변화가 빠르다.

이 시대를 민감하게 반영하고 있는 TV 광고 한 구절에 정신이 확 깼다. "나는 미래를 기다린 적이 없다. 나는 언제나 그 시대의 미래였다."

세월은 화살과도 같다는 말처럼 육아도 빠르게 지나갔다. 부모와 신뢰를 바탕으로 애정을 쌓아 주도적이고 자존감 있는 아이로 성장했다면 기성세대에 비해도 뒤지지 않을 만큼 변화에 잘 적응한다. 시대가 요구하는 사람을 넘어 자기 삶을 살아내는 아이를 키우려면 티칭이 아닌 코칭으로 성숙하게 다가서야 한다.

스스로 던지는 질문

●●● 아이가 당당해지기 위해 부모가 내려놓아야 할 것이 있다면?

그걸 바꿔봐

습관은 하루아침에 형성되는 것도 아니고 쉽게 사라지지도 않는다. 그래서 처음에 자리 잡을 때 주의를 기울일 필요가 있다. 하지만 늘 생각처럼 되지 않기에 작은 것부터 바꾸려 시도해야 한다. 용기 내어 작은 변화부터 만들어야 한다.

봄 학기가 되면 학생들과 비전에 대해 이야기를 나눈다. 하루의 계획은 아침에 세우고, 1년의 계획은 봄에 세우고, 인생의 계획은 바로 지금 세우라는 말처럼, 학생들에게 첫 시간에 계획을 세우라고 말한다. 교육학과 2학년 2학기에는 학생들에게 미션을 준다. "지금 여러분은 인생의 터널에서 어디까지 왔는지 살펴보고, 현재 나는 누구인지 알아보세요." 두고두고 고민하는 학생들의 모습이 예뻐 보인다. 젊은 날 내게도 이런 질문을 해줬더라면 참 좋았을 텐데, 하는 생각이 든다.

그리고 방학 때 한 번쯤은 외국에 여행을 다녀오라고 권한다. 한 발 떨어져서 현실을 바라보고 거시적인 안목을 키우길 바라는 마음에서다. 기업의 CEO들도 중대한 결정을 할 때 비행기를 탄다고 한다. 기업의 이익을 위해 쉽지 않은 결정을 내릴 때 하늘 높은 곳에서 땅을 내려다보면 직시할 문제를 객관적으로 바라볼 수 있기 때문이다.

김영하 작가는 《여행의 이유》에서 여행의 의미를 이렇게 말한다. "여행은 우리를 이미 지나가버린 과거와 아직 오지 않은 미래로부터 끌어내 현재로 데려다 놓는다. 여행이 끝나면, 우리는 그 경험들 중에서 의미 있는 것들을 생각으로 바꿔 저장한다." 여행은 오직 현재에 머물게 하는 매력이 있으며, 일상의 근심과 후회, 미련으로부터 해방시켜준다.

가족이 모두 참여하는 여행은 자녀가 성인이 되면 서로 시간을 맞추기가 어렵다. 그래서 아이들이 방학이면 시간을 맞춰 여행을 계획한다. 먼저 여행 장소를 정하고, 경비는 본인들 몫이니 땀 흘려 아르바이트를 한다. 의미 있는 경험을 위해 일련의 노력이 필요한 것이다. 여행을 준비하는 과정에서 나태함이 부지런함으로 바뀐다. 또한 여행을 통해 에너지를 충전하고 또 다음을 기획할 수 있다.

❀ 스스로 던지는 질문

●●● 방학을 맞는 아이에게 의미를 담아서 주고 싶은 미션이 있다면?

아름다운 날이 되기를

아이가 맞는 성년의 날은 의미가 있으며, 부모도 칭찬받을 만한 날이다. 20년의 세월은 거저 만들어진 게 아니다. 부모와 자녀가 합을 맞춰서 지내온 시간이다. 큰아이가 성년이 된 해 여름에 남편에게 꽃다발을 준비하고 성인이 된 딸을 축하하게 했다. 아이는 아빠가 보인 의외의 행동에 놀랐지만 내심 좋았는지 자기 방에 꽃을 가져다 두었다. 이제 성인으로서 책임이 생겼지만, 앞으로 아름다운 날이 되기를 희망한다는 메시지를 전하고 싶었다.

《관점을 디자인하라》에는 어느 맹인의 이야기가 실려 있다. 한 맹인이 "I'm blind. Please Help me(나는 맹인이에요. 도와주세요)"라고 쓴 푯말을 들고 거리에 앉아 있었다. 한 여자가 맹인 앞을 지나다 말고 가방에서 펜을 꺼내 맹인이 적어놓은 푯말 글귀를 바꿔주었다. 그랬더니 그 후로 사람들은 그냥 지나치지 않았고, 동전을 조심스레 놓아주었다. 여자가 써놓은 글귀는 맹인이 원래 쓴 것과 같은 내용이지만 다른 문구였다. "It's a beautiful day and I can't see it(아름다운 날입니다. 나는 볼 수 없습니다)." 생각의 변화는 주위 사람까지 좋은 사람으로 바꿀 수 있다.

변화무쌍한 시대를 사는 아이들이 네모난 바퀴가 달린 수레를 끌고 가면 부모가 언제까지나 뒤에서 받쳐주고 밀어줄 수는 없다. 부모도 나이가 들어 힘겨워지기 때문이다. 가장 쉬운 방법은 네모나서 잘 굴러가지 않던 수레를 동그란 바퀴로 교체해주는 것이다. 그러면 아이 혼자서라도 끌고 갈 수 있다. 부모의 지혜로운 도움닫기가 필요하다.

아이들이 자전거를 처음 배울 때 부모가 뒤에서 잡고 밀어준다. 그러다가 나중에는 손을 슬그머니 놓아도 잘 굴러간다. 마찬가지로 앞에서 아이를 이끌기보다 뒤에서 지지해주면 더 빠른 속도로 발전한다. 아이가 부모를 신뢰하면 변화가 가능해진다.

사람마다 아름다움의 기대치와 의미는 다르다. 부모는 자녀의 인생이 아름답길 바란다. 그렇다고 꽃길만 걷길 기대하지는 않는다. 삶은 오르내리며 비탈길이 있기 마련이다. 미끄럼틀을 타려면 힘들게 올라가야 하지만, 경사를 타고 내려오는 건 순식간이다. 그 한순간의 성취감을 위해 꾸역꾸역 올라간다.

아이는 부모의 언행을 지켜보지 않는 듯하지만, 누구보다 부모를 민감하게 느끼고 배워서 대물림한다. 아이들도 모르는 사이에 부모를 모델로 삼는 것이다. 부모로서 좋은 것을 물려주고 아이들이 더 나은 것을 설계하길 희망할 뿐이다.

스스로 던지는 질문

●●● 아이가 부모인 나보다 나았으면 하는 게 있다면?

Z세대를 넘어 잘파 세대

1990년대 중반부터 2010년 초반에 출생한 세대를 의미하는 Z세대와 2010년 중반부터 2020년 중반에 출생한 세대를 의미하는 알파 세대Generation Alpha를 합성해서 잘파Z+alpha라 지칭한다. 잘파 세대는 어릴 때부터 대중매체와 스마트폰을 사용한 경험이 있는 '디지털 원주민'이다. 다양한 통신기기나 새로운 기술에 바로 적응하는 '디지털 친화 세대'라고도 한다. 그런 만큼 올바른 가치관을 가져야 하고 분별력이 필요하다.

세상이 빠르게 변화하면서 새로운 직업이 생기거나 도태되기도 한다. 그래서 엄마들에게 미래 사회를 살아갈 경쟁력이 무엇인지 물으면, 우선순위는 다르지만 창의성, 소통, 공감, 설득력, 추진력 등을 이야기한다. 대개 본인이 살아오면서 부족하고 필요하다고 느낀 것이다. 그래서 내 아이만큼은 이런 능력을 가지길 바란다.

요즘 아이들은 불안한 미래를 살아간다. 아이들에게 내일의 희망이 있는지 물으면 오히려 알려달라며 되묻는다. 막 성인이 된 젊은이들이 희망보다는 해봤자 안 될 거라는 좌절만 느낀다. 아이들은 현실에서 끝이 없는 터널을 걸어가는 것만 같다. 입시라는 긴 터널에서 빠져나왔다 싶더니 다시 취업이라는 관문이 기다린다. 연이은 테스트를 통과하다 보니 과연 그 터널 끝에서 무엇이 기다리는지조차 궁금하지 않다. 터널은 아무리 깜깜해도 조심스레 지나다 보면 미세한 빛이 보이고 그 빛이 점점 환해지며 끝이 보인다. 터널의 미세한 빛이 보이기 전에 이미 포기하거나 끝까지 인내하며 완주하기도 하는데, 얼마만큼 최선의 노력으로 실패를 딛고 터널의 끝에 다다르는지에 따라 삶의 변곡점이 달라진다.

아이들에게 남편은 일단 해보고 후회해도 된다고 말한다. 경험은 해봐야 내 것이 되기 때문이다. 이 과정에서 인내를 배우고 노력이라는 값을 지불한다.

성공한 기업가 부모들을 인터뷰한 마고 비스노, 엘리엇 비스노, 오스틴 비스노의 《기업가 키우기Raising an Entrepreneur》에는 "그저 궁금해하기보다는 자녀들이 잠재력을 최대한 발휘하는 데 필요한 기술을 개발하도록 돕는 방법을 찾을 수 있다"는 말이 있다. 그래야 아이들은 창의력을 발휘하고 어려운 일에 도전하며 문제를 해결해 간다. 부모가 아이들을 돕고 싶다면 최근 도전하고 싶은 것이 생겼는지, 현재 무엇에 집중하고 있는지 궁금해해야 한다.

스스로 던지는 질문

●●● 내 아이만의 이야기를 만들기 위해 현재 무엇을 준비하고 있는가?

기억을 위한 빈방

우리 집은 방문을 닫지 않는 것을 중요한 원칙으로 삼는다. 물론 옷을 갈아입거나 사적 대화를 할 때는 닫을 수 있지만, 가족 간의 단절은 안 된다는 뜻이다. 사춘기가 되어도 이 규칙은 조심스럽게 지켜졌다. 아무리 화가 나더라도 방문을 닫지 않도록 했다. 어쩌면 그 덕분에 가족의 결속력이 유지되었는지도 모른다. '쾅' 닫지 않으니 서로 감정이 상하지 않았다.

성인이 된 아이들이 이제는 집에 없을 때가 많다. 그래서 빈방은 문을 닫아놓는다. 자꾸 보고 싶고 그리워지기 때문이다.

KCC건설의 '엄마의 빈방' 광고는 '2019 서울영상광고제'에서 금상을 차지했다. 그만큼 큰 공감을 불러일으켰다. 사춘기를 맞이하면서 닫히기 시작한 딸의 방문과 그 앞을 서성이는 엄마. 사춘기 딸이 고등학교를 졸업하고, 대학생이 되고, 직장인이 되며 방문은 여러 가지 이유로 계속 굳게 닫힌다. 아이가 성장하며 점점 혼자만의 공간과 시간을 필요로 하는 동안 엄마는 나이가 든다. 겉으로는 투박해도 딸을 생각하고 그리워한다. 어쩌면 영상 속 엄마는 현실 엄마들의 모습이지 않을까? 딸이 집을 비워도 여전히 깨끗하게 방을 정돈하고 유지하며 그리워하는 모습이 현실의 내 모습과 닮아 있어 공감되었다.

주말 대청소를 할 때 문이 닫힌 큰아이 방은 건너뛰곤 한다. 고등학교를 졸업하고 떠난 그해에는 아이의 방문을 열면 감당할 수 없는 감정이 올라왔다. 여유를 가지고 아이의 빈방을 청소하면서 구석구석 먼지를 닦고 아이의 체온을 느끼고 싶어서 손때 묻은 책상에 앉아서 어릴 적 일기장을 꺼내 보기도 한다. 어버이날 삐뚤빼뚤 썼던 카드를 보면 반갑기도 하다. 그러다 그리운 냄새를 기억하고 싶어서 장롱을 열어 옷을 하나씩 다시 꺼냈다 걸어본다. 그리움은 이내 미안함으로 바뀌고, 내가 부족했던 순간이 밀려온다. 아이에게 늘 미안한 마음이 드는 건 엄마가 처음이라서, 또는 욕심 많은 부모라서, 잘해보고 싶어서였다는 생각에 눈시울이 붉어지곤 한다.

얼마 전 이사 준비로 짐을 정리하다가 사진첩을 발견했다. 그중에서 두 장의 사진에 시선이 꽂혔다. 한 장은 큰아이의 돌잡이 사진이고 다른 한 장은 작은아이의 백일 사진이었다. 한참 전 일이라 잊고 있었다. 어찌나 귀여운지 보고만 있어도 웃음이 났다. 함께 찍은 내 얼굴이 행복하다고 말하고 있었다. 기억을 오래오래 지니고 싶어서 사진을 액자에 넣어 잘 보이는 곳에 놓아두었다.

어떤 추억이 기억에 남아 있는지 돌이켜 본다. 배경은 따스한 집, 주연은 아이들이다. 먼저 아이가 기분 좋게 웃는 소리, 때로는 슬퍼서 우는 소리가 공기 중에 떠돈다. 잠시 후 주인공이 등장해서 연기를 펼친다. 1막은 어린아이였는데, 2막에서는 초등학생이 되고, 3막에서는 고등학생이 돼버렸다. 그리고 잠시도 쉬는 시간 없이 4막이 열린다. 부모의 키보다 커버린 아이는 이제 성인이 되어 각자 떠날 준비를 한다. 점점 빛이 흐려지고 결말은 관람객인 부모의 상상에 맡겨진다.

이제 남은 시간은 어떻게 살아갈지 고민이다. 그래도 오늘을 그냥 흘려보내지는 말아야겠다고 다짐한다. 대신 기억의 회로에 남길 에피소드 하나를 챙겨 마음에 새겨놓으면 된다.

스스로 던지는 질문

●●● 20년 후 내 아이의 빈방을 바라보는 내 모습을 상상해본다면?

티칭이 아닌 코칭으로

교회에서 연세가 지긋하신 할머니 권사님이 유아기 때 두 아이를 보시며 말씀하셨다. "딸과 아들이니까 하나만 더 낳아. 제 밥그릇은 자기가 가지고 태어나니까 걱정하지 말고 낳아." 예전에는 자녀는 낳으면 저절로 큰다고 했다. 하지만 요즈음에는 자녀를 키우는 게 여러모로 힘들다고 여긴다. 그만큼 부모에게 책임이 크다. 부모도 아이를 키우면서 부딪히고 깨지며 넘어지고 또 일어서기를 반복한다. 그래서 부모는 아픈 만큼 다듬어진다. 강헌구의 《Mom CEO》에서는 엄마를 CEO에 비유하며 위대한 경영자로서 비전과 사명을 가지고 행동의 방향을 설정해야 한다고 말한다.

그렇다면 부모는 아이를 어떻게 키울 것인지 심도 있게 고민해야 하지 않을까? 이제는 무언가를 가르치려는 티칭의 시대는 갔다.

세상이 원하는 성장점은 시시각각 달라진다. 기준을 찾기도 어렵고 변화를 따라가기에도 숨이 찰 정도다. 그러나 아이가 어릴 적부터 아이 중심의 놀이를 즐기며 존중받고 자랐다면 성인이 되어도 스스로 헤쳐나갈 용기가 있다. 삶을 살아가면서 인간은 주어진 역할에 따라 어떤 철학을 지니고 살아가는지가 매우 중요하다. 부모의 양육철학이나 가정에서 꼭 지켜야만 하는 가치는 그런 철학을 형성한다. 그래서 첫 단추가 중요하다. 첫 10년의 육아가 아이 삶의 밑거름이 되는 셈이다.

이렇게 빠른 시대에는 내면의 자기를 찾아가는 코칭적 방법을 선택해야 한다. 코칭은 일방적으로 가르치는 것이 아니라 상대방 내면의 힘을 끄집어내는 데 집중한다. 부모와 자녀가 파트너적 관계를 맺는데, 파트너는 수평의 선상에서 동일한 위치를 갖는다. 시소 위에서 어느 쪽으로도 기울지 않고 어떨 때는 아이가 코치가 되기도 한다.

코칭적 방법에서는 부모와 아이가 수평적 관계에서 동반 성장하여 원하는 목표에 다가간다. 코치로서 부모는 감정에 흔들리지 않아야 하고 본인이 건강해야 한다. 아이와 관계에서 무엇을 듣고 말할지 미리 판단하기보다는 상대방에 초점을 맞추어 대해야 한다. 어떤 방법으로 아이가 삶의 목표를 설정하고 방향성을 찾아갈지는 코치인 부모에게 달려 있다.

코칭을 할 때는 생각을 전환하는 질문과 코칭 기술을 적절히 활용해야 한다. 코칭은 부모 주도로 이루어지는 것이 아니라 탁구 경기처럼 자녀와 주고받아야 한다. 적당한 거리를 두고 힘이 들어가지 않게 대화를 주고받는 것이다.

최종적인 코칭 목표는 아이 안에 있는 잠재력을 이끌어내는 것이다. 그것이 코칭의 승패를 좌우하며, 이 과정에서 모든 것은 부모와 신뢰 관계가 형성되어야 가능하다.

✿ 스스로 던지는 질문

●●● 현재 육아와 양육에서 내게 필요한 것이 있다면?

코칭 대화 모델:
FOCUS 모델

부모는 아이가 스스로 설정한 목표 앞까지 데려다줄 수 있어야 한다. 부모 코칭을 마차에 비유하면 아이는 손님, 부모는 마부가 되어 손님이 가고 싶은 곳에 갈 수 있도록 마부가 데려다줘야 한다.

부모 코칭은 아이를 긍정적으로 성장시키는 것이 목적이다. 코칭 과정 중에 아이는 코치인 부모로부터 격려와 지지를 받으면서 파트너십을 형성하고, 세상을 살아갈 수 있는 기본적인 성품과 역량을 만든다.

부모 코칭에서 철학은 매우 중요하다. 인간의 심리적 발달 단계에 따라 코칭 철학을 세울 필요가 있다. 아이들은 부모와 눈을 맞추며 사랑받고 신뢰를 형성한다. 끈끈한 신뢰감을 바탕으로 아이는 마음을 열고 도전하며 주도성을 갖는다. 꿈을 선택하면 그 과정에서 이룰 과제를 차례대로 해내기 위해 부모의 지지를 받으면서 성공 경험을 쌓고 자존감이 형성된다.

첫째, 자녀는 부모의 사랑을 받아 신뢰를 바탕으로 하는 삶을 살 수 있다.

둘째, 신뢰를 바탕으로 주도적 성과를 이루는 해답은 자녀에게 있다.

셋째, 주도적 성과를 이루기 위한 경험을 부모가 지지해줄 수 있다.

코칭은 목표를 달성하고자 구조화된 틀을 사용하는데, 이를 코칭 대화 모델이라 한다. 아이가 원하는 목표를 이루기 위해 질문과 답 형식의 프로세스가 필요하다. 이 책에서는 FOCUS 모델의 프로세스를 소개하려 한다.

첫 단계는 '마주하기Face'다. 부모는 아이와 마주하고 눈을 맞추며 아이의 상태를 있는 그대로 바라보는 단계다. 긍정적인 마음으로 안정된 분위기를 형성하도록 돕는다.

→ 오늘 어떻게 지냈어?

→ 요즘 '행복하다'라는 감정이 든 적이 있을까?

→ 네게 요즘 중요한 키워드는 뭐야?

두 번째 단계는 '마음 열기Open'다. 아이가 진정 원하는 것을 찾도록 마음을 열고 목표를 발견하는 단계다. 마음 깊은 곳에서 지금 원하는 진정한 꿈을 찾도록 돕는다.

→ 어떤 부분을 이야기하고 싶어?

→ 지금 네게 꼭 필요한 게 뭐라고 생각해?

→ 네가 진정 원하는 것은 뭐지?

세 번째 단계는 '도전하기Challenge'다. 부모는 아이와 함께 합의하여 목표를 설정하고 가능한 방법을 찾는 단계다. 무엇을 먼저 해볼지 여러 상황을 예측하며 준비하도록 돕는다.

→ 그것을 위해 지금까지 시도해본 방법이 있다면?

→ 현재의 너와 원하는 모습은 어떤 차이가 있니?

→ 원하는 걸 위해 무엇을 먼저 해볼까?

네 번째 단계는 '이해하기Understand'다. 아이의 기발한 생각을 수용하고 적당한 방법을 찾는 단계다. 이대로 괜찮을까 하는 두려운 마음을 버리고 성취감을 맛보도록 돕는다.

→ 네가 그것을 달성했다고 생각해보면 어떤 기분이 들어?

→ 지금 모습에서 무엇을 좀 더 노력하면 가능하겠니?

→ 너의 어떤 강점으로 장애 요소를 극복할 수 있을까?

다섯 번째 단계는 '지지하기Support'다. 아이가 설정한 목표와 실현 가능한 방법을 피드백하고 격려하며 마무리한다. 실패할지 모른다는 불안한 마음을 인정하고 목표를 분명히 하도록 돕는다.

→ 누구에게 응원받으면 더 잘할 수 있을까?

→ 오늘 나눈 대화 중 어떤 부분이 가장 도움이 되었니?

→ 지금 이 새로운 감정을 어디에 담아두겠니?

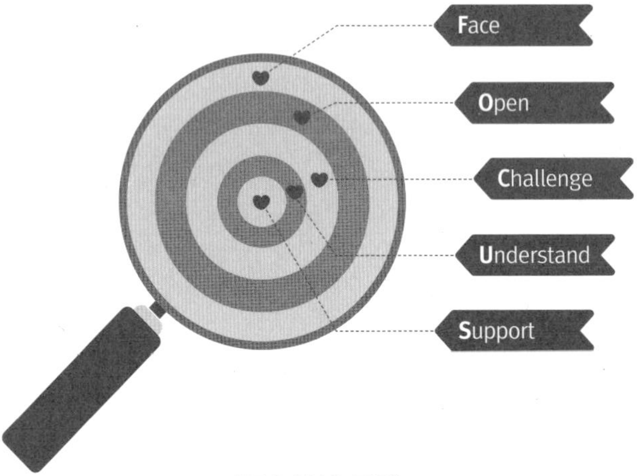

FOCUS 모델

✿ 스스로 던지는 질문

●●● 코칭 모델 중 적용해보고 싶은 단계의 질문이 있다면?

코칭 대화 기술

코칭에서는 친밀감 형성이 중요한 승부수가 된다. 라포가 형성되어야 코치에게 마음을 솔직히 열고 싶은 생각이 든다. 부모 코칭에서는 아이와 편안한 관계에서 코칭이 진행되도록 마음을 여는 것이 기본이다. 그래서 아이에게 보조를 맞춰야 관계가 형성된다. 눈을 맞추고, 귀를 기울이며, 행동에 초점을 맞춘다.

코칭은 직접적인 도움을 주는 것이 아니라 방법을 찾도록 지지하는 것이므로, 부모 코칭에서는 경청 기술, 질문 기술, 인정 기술이 필요하다.

경청 기술은 귀로 듣고 마음으로 듣고 눈으로 보는 것이다. 상대방의 이야기를 들을 때는 기본적 자세를 갖춰야 아이가 존중받는다고 느끼고 마음을 열 수 있다. 경청은 코칭의 성과를 이루기 위해 꼭 필요한 기본 기술이며, 여러 가지 기술 중에서 가장 중요하다.

경청에는 4단계가 있다. 1단계는 겉으로만 듣는 것, '건성 듣기'다. 2단계는 겉으로 듣는 척하지만 자기가 할 말을 떠올리는 '자기 듣기'다. 3단계는 누가 봐도 잘 듣고 있고 집중하고 있는 '집중 듣기'다. 마지막 4단계는 상대의 말에 고개를 끄덕이며 내면의 소리까지 미세하게 듣는 '공감 듣기'다. 3단계만 돼도 내용은 알 수 있지만 코칭에서는 숨은 의도를 알아차리는 공감 듣기가 필수 조건이다.

다음으로 아이의 마음을 여는 질문이 필요하다. 이때 질문은 취조하듯 캐묻는 게 아니라 방향을 설정하고 관점을 전환하기 위한 것이다. 아이가 생각을 언어로 표현하고 여러 각도에서 바라보도록 돕는다. 질문을 할 때는 '육하원칙'에 따르되, 'Why'라는 질문은 지양한다. 이유를 따져 묻는 것처럼 느낄 수 있기 때문이다. 가장 좋은 질문은 "네 생각은 어때?"라며 'How'를 묻는 것이다.

마지막으로 인정 기술이 필요하다. 상대방을 인정해준다는 건 그 안에 내재된 숨은 의도까지 읽고 진심을 전달한다는 것이다. 부모 코칭에서 인정이란 아이의 존재만으로도 충분하다는 것을 전달하는 것이다. 그리고 칭찬은 과정과 격려가 담겨야 진정성이 느껴진다. 아이가 과거와 달라진 행동을 칭찬하고, 즉각 이뤄져야 하며, 결과가 아닌 과정을 칭찬해야 한다. 성장 과정에 맞게 부모의 성숙한 언어로 인정받고 칭찬받으면 아이는 행복하게 성장할 것이다.

상황 아이가 미래를 고민할 때 나눈 코칭 대화

부모: 이야기할 준비가 됐는데, 시작해도 될까?

아이: 네, 저도 지금 괜찮아요.

부모: 오늘은 어떻게 지냈어?

아이: 평소랑 같죠. 학교에서 수업 듣고 친구들과 밥 먹었어요.

부모: 그랬구나. 엄마도 비슷하게 지냈는데. 네게 지금 가장 고민이 되는 게 뭔지 말해줄 수 있어?

아이: 대학교 3학년이 되니까 졸업하면 어떤 일을 해야 할지 고민이 돼요.

부모: 그렇지. 엄마도 그땐 그랬는걸. 네 고민을 좀 더 자세하게 이야기해 줄래?

아이: 전공과목은 필수니까 수업은 듣지만 막 관심 있고 설레지는 않아요. 그래서 이게 맞나, 하는 생각이 들어요.

부모: 혼란스럽겠다. 그러면 네가 학교생활에서 설렐 때는 언제였어?

아이: (잠깐 고민한다.) 아, 팀 프로젝트 과제에서 뭔가 기획하고 설계할 때였던 거 같아요.

부모: 오, 좋은데. 그때의 모습과 현재의 모습을 비교해서 말해줄 수 있니?

아이: 이론을 공부할 때보다 프로젝트를 진행할 때 에너지가 달랐던 거 같아요.

부모: 새로운 발견이네. 그러면 네가 원하는 일을 위해 할 수 있는 건 뭘까?

아이: 우선은 팀 프로젝트의 주제를 다시 집중해서 공부해봐야겠어요.

부모: 그러면 제일 먼저 무엇을 시도할 수 있을까?

아이: 도서관에서 자료를 찾고 제대로 조사해야겠죠.

부모: 그래, 멋진 생각이네. 언제부터 할 수 있을까?

아이: 음, 중간고사 마치고 다음 주요.

부모: 구체적인데. 좋았어. 너의 바뀐 생각을 누구에게 응원받고 싶니?

아이: 팀플 했던 친구한테 말해야겠어요.

부모: 괜찮은 거 같네. 오늘 나눈 대화 중 도움이 된 게 있다면 뭐가 있을까?

아이: 막연히 안 되겠다고 생각했는데 설레는 걸 찾은 느낌이에요.

부모: 지금의 감정을 네가 힘들 때 꺼내서 되새기면 잘할 수 있을 거야. 응원해.

아이: 네! 한번 해볼게요. 감사해요.

스스로 던지는 질문

●●● 아이가 만약 코칭 주제를 가져온다면 예상되는 것은 무엇일까?

엄마도 날마다 성장할게

부모라면 세상을 떠날 때 아이에게 남겨주고 싶은 것이 있다. 누군가는 명예를 중시하고 어떤 이는 정서적 자산을, 또 다른 이는 물질적 자산을 남기고 싶어 할 것이다. 내 생각에 위대한 유산은 아이가 스스로 무엇이든 할 수 있다고 동기를 부여해주는 것이 아닌가 싶다. 영유아기에서 시작해 초등기를 지나 청소년기에 이르고 이제는 성인기가 된 아이를 보면서, 자신을 사랑하고 매사에 본인의 가치를 의심하지 말고 믿는 어른이 되기를 소망한다.

큰아이가 유학을 떠나고 작은아이가 고등학교에 다닐 때부터 나만의 버릇이 있었다. 밤 12시에 다시 하루를 시작하는 시간이 되면 아이들을 위해 잠깐 묵상기도를 하고 짧은 인사와 기도 문구를 적어서 핸드폰으로 전송했다. 큰아이는 때로 잠자기 전에 간단하게 답장을 하기도 했다. 작은아이는 독서실을 마치고 돌아오며 한 줄 답변이나 이모티콘을 보냈다. 속마음은 '그래, 무엇을 바라고 하는 것이 아니지' 하다가도 막상 답 문자가 없으면 내심 서운했다.

해가 바뀌며 아이들은 생각이 자라고 몸이 자라며 그들이 사는 세상에 동화된다. 발달 시기별로 부모의 역할이 달라지므로, 성인기가 되는 아이들을 위해서는 내려놓는 준비가 필요하다. 지나친 관심과 무심함 속에서 중심을 잡아야 하는 것이다. 나태주 시인의 〈새해 인사〉의 마지막 구절처럼 잘 살기만 바라야 맞다.

> 글쎄, 해님과 달님을 삼백예순다섯 개나 공짜로 받았지 뭡니까.
> 그 위에 수없이 많은 별빛과 새소리와 구름과 그리고 꽃과 물고기와
> 바람과 풀벌레 소리들을 덤으로 받았지 뭡니까.
> 이제 또다시 삼백예순다섯 개의 새로운 해님과 달님을 공짜로 받을 차례
> 입니다.
> 그 위에 얼마나 더 많이 좋은 것들을 덤으로 받을지 모르는 일입니다.
> 그렇게 잘 살면 되는 일입니다.
> 그 위에 더 무엇을 바라시겠습니까?

모두에게 새해 첫날은 새로운 마음으로 시작하는 희망의 날이다. 새마음 곧게 지키며 살아가면 좋으련만, 작심 석 달이나 될까? 한두 달이 지나면 다시 그저 그런 일상으로 돌아간다. 그리고 한 번

뿐인 날임을 잊어버리고 만다. 하루하루 더 사랑하지 못한 채 부모는 아이에게 자녀다움을 강요하기도 하고, 아이는 부모에게 돌봄과 욕구 충족을 요구한다. 아이가 태어날 때를 상기하고, 첫 만남의 순간, 설렘의 기억을 소환하길 바란다. 엘튼 존의 〈Sorry seems to be the hardest word〉라는 노랫말처럼, 부모로서 자녀에게 미안하다고 하는 건 대단한 용기가 필요하다.

사랑하는 사람끼리 오해의 시작은 '네 마음이 내 마음'이라고 착각하기 때문이다. 눈빛으로 통하니까 자세히 말하지 않아도 알아차려야 한다고 생각하지만, 아이도 많이 자라서 어른이 되어간다. 내가 섬기는 교회의 이름인 '일심'처럼 자녀를 존중하고 아이와 한 방향의 꿈을 꾸면 된다. 그리고 아이의 말을 수용하고 진심으로 사과해야 한다. "너를 키우며 실수해서 미안해. 하지만 여전히 엄마니까 성장해나갈게."

✿ 스스로 던지는 질문

••• 나는 부모로서 자녀에게 무엇을 남겨주고 싶은가?

다시 쓰는 밤의 편지

가족끼리 직접 얼굴을 맞대고는 민망해서 전달하지 못한 말들이 있다. 석양이 보이는 창가에 앉으니 아이 얼굴이 떠오른다. 좋아하는 아메리카노의 향기를 맡으며 용기 내어 전하고 싶은 마음속 이야기를 편지에 옮겨 적어본다.

엄마로 만들어준 딸!

하나님께 받은 첫 번째 선물, 귀한 딸! 너의 졸업을 축하해.

먼 곳에서 혼자 애쓰며 달려오느라 참 수고스러웠지. 기특하구나!

이제 너라는 브랜드가 탄생한 거야.

네가 만든 브랜드가 어떻게 펼쳐질지 궁금하단다.

꿈은 크지 않아도, 높지 않아도 꿀 수 있다는 희망이 부풀게 하지.

앞으로 일어나지 않은 일이 때로는 무거운 두려움으로 다가올 테지만

안 가본 길에 대한 설렘으로 심장이 뛰었으면 좋겠다.

꿈을 꾸어본 적이 있는 과거가 아닌, 꿈을 가진 현재진행이었으면 한다.

"엄마는 이다음에 커서 뭐 될 거야?"라는 네 질문에 전문가가 되겠다는

약속을 지키려는 책임이 생겼지. 고마워!

숨은 보물, 너만의 강점으로 승부를 해보자.

1만 시간의 법칙처럼 네가 길들인 시간으로 가장 좋아하고 잘할 수 있는

일을 찾아보는 거야.

그게 너의 행복과 연결되기를 엄마는 간절히 바라.

마침내 "드디어 해냈다"라고 외치는 그날이 느리게 올지라도

네가 무엇을 위해 시간을 투자하고 준비하는 건 멋진 일이야.

지금보다 더 기도하고 응원할게.

너의 모습 그대로 사랑해!

-너라는 딸을 둔 '참 감사한 엄마'로부터-

엄마로 살게 하는 아들! 나의 두 번째 선물, 소중한 아들!

운전대에 배가 닿을 만큼 너는 엄마 배를 크게 부풀렸고,

힘찬 발길질로 인사했었지.

네가 태어나고 얼마 후 아빠의 생일날은 깜짝 파티였어.

100일도 안 된 네 머리에 리본을 달아 네가 선물 대신이었지.

누나를 잘 따르는 동생이었고 웃음이 많은 아이가 훌쩍 자라 어느덧

대학생이 되었네.

어찌 보면 코로나라는 위기는 엄마에겐 너와 함께하는 보상 같았어.

평소 바쁘다는 핑계로 밥을 잘 챙겨주지 못한 아쉬움을 쏟아부었지.

고 3인데 5월까지도 등교하지 못했던 너와 학교 수업이 온라인이었던

엄마, 늘 단둘이었네.

그때 정성스레 차린 밥을 네가 먹는 모습을 보는 게 참 좋았어.

얼마 전 "요즘 어때?"라는 말에 "전공 공부가 할 만해요"라는

네 말이 고맙더라.

네가 어떤 꿈을 꾸든 어른으로 책임을 지는 사람이었으면 해.

먼저는 신앙인으로서 가족의 한 사람의 역할을 잘 감당해주길 바란단다.

군대라는 큰 숙제가 남아 있지만,

또 네게서 "엄마, 도전해볼 만해요!"라는 씩씩한 목소리가 듣고 싶구나.

지금보다 더 기도하고 응원할게.

너의 모습 그대로 사랑해!

-너라는 아들을 둔 '참 행복한 엄마'로부터-

남편에게 편지를 언제 써보았으려나? 기억나지 않을 정도로 오랜만이다. 아이가 태어나면서부터 공동의 책임을 진 육아 동지였다. 방향이 서로 어긋나도 타협점을 찾는 조력자였기에 남다른 끈끈함이 있었다. 좋은 날은 함께 웃었고, 슬픈 날은 아픔을 위로하며 견뎠다. 앞으로는 성인이 된 아이들을 묵묵히 뒤에서 바라볼 것이다. 우리에게 선물처럼 다가온 두 아이가 있어 부모가 되었으니 더 감사하며 남은 인생도 마중물로 남으려 한다.

동그라미로 변화시킨 당신!

스무 살, 좋은 시절에 처음 만났습니다.

교회 오빠로 만나 결혼해서 벌써 큰아이 나이만큼 시간이 흘렀네요.

그땐 몰랐습니다.

나와 당신이 왜 너무나 다른지, 같은 생각을 왜 안 하는지.

처음엔 당신의 객관성과 논리적 생각이 딱딱한 바위처럼 여겨졌어요.

도전 정신이 있는 나로서는 바위를 더 깨고 싶었는지도 모릅니다.

시간이 지나면서 조율이 되고 우리의 다름을 인정하며 바뀌었지요.

다르다는 게 강점이 되면서 육아는 감사한 경험이었습니다.

청년 시절 미래 남편을 위한 기도 제목은 단 세 가지!

"신앙 있고, 똑똑하고, 아이들에게 존경받는 아빠"였답니다.

지금 보니 다 이뤄졌네요.

그중 가장 어려운 존경받는 아빠를 당신이 해냈습니다.

원래 세모인 나, 당신이라는 세계 안에서 꿈꾸며 바뀌었네요.

계속 무뎌지고 다듬어지는 중이라 아직은 찌그러진 동그라미입니다.

응원하며 기다려줘서 고마워요!

우리에게 주어진 날 동안 하나님께 감사하며 은혜를 더하여 채워갑시다.

-아이들의 엄마로 만들어준 '당신의 아내'로부터-